図説マニアックス・5

武器百科

Arms Encyclopedia

増補版

著 安田誠

幻冬舎コミックス

Contents

第1章 刀剣 …………… 9	第4章 打撃 …………… 117
刀剣とは ………… 10	打撃武器とは ………… 118
図鑑66種 ………… 12	図鑑18種 ………… 120
コラム24種 ………… 34	コラム15種 ………… 126

第2章 短剣 …………… 65	第5章 射出・投擲 …… 141
短剣とは ………… 66	射出・投擲武器とは … 142
図鑑30種 ………… 68	図鑑18種 ………… 144
コラム8種 ………… 78	コラム9種 ………… 150

第3章 長柄 …………… 87	第6章 その他 ………… 159
長柄武器とは ………… 88	その他の武器とは …… 160

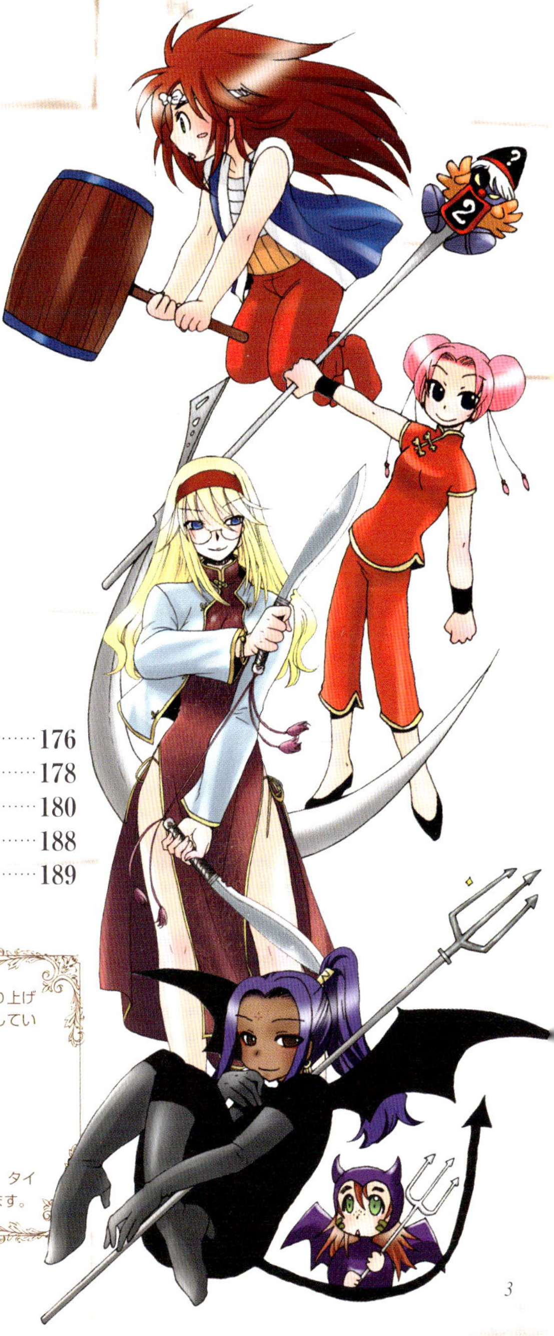

本書では、武器の使用例として取り上げた作品名を、以下のように色分けしています。

■色→映像作品(アニメーション)
■色→映像作品(実写、特撮)
■色→コミックス
■色→コンピューターゲーム
■色→その他

コラムでも取り上げている武器は、タイトル脇に対応ページ数を示しています。

あらゆる武器を極めたと
言われる伝説の武人ゾルゲ
彼は自らを武神と名乗り
次代の武神候補として
世界各地から
腕の立つ若者を
集めている
何かと胡散臭い噂の多い
ゾルゲであるが
彼の主催する武神流への
入門は力を求める
若者にとって憧れであり
非常に狭き門となっている
やっと着いたわ
世界の明日も担うのは君達だ!!
武器の腕を磨きにきたのだが……
武神流道場
会場はここでいいのかしら
ボクおなかすいたぁー
なんか怪しい雰囲気アルなぁ～

ギィイイイイイ…
あ…あなたたち！
勝手に開けちゃ駄目…
誰か
いるー？
おそる
おそる
武神殿は
ここアル
かー？
ようこそ
武神会館へ
我輩が武器を極めし者
ギュンター・ゾルゲ
大佐である
応募総数12,828名から
第三期オーディションに
合格したのは
諸君ら４名
フェンシング全仏チャンピオン
エペの使い手
フランスのマリー＝クロード！
失踪した父の残した
ジャマダハルを
独学で極めた
インドのサニア！
幻の南派少林拳
継承者である父より
武術の指導を受けた
錘を得意とする
中国のレンレン！
ジャングルで
狩りをしながら
ブーメランの
腕を磨いた
バヌアツのモルルン！

可愛い女の子しか
合格しないというのは
本当らしいわね
ペドって
なんだ？
なるほどな
ヒ〜〜
なんかペドの
匂いがする
アルー！
ぐー
まずは諸君の腕前を
見せてもらおうか
そこにある武器の中から
好きなものを選び
全員でかかってきたまえ
大佐殿の実力を
見せてもらおうか
みんなで
かかれば
負けないよっ
『全員で』
アルね？
『好きな武器』で
いざ！ 参る！
おお──っ！
ギラリ

武神流奥義
プーパッポンカリー 1／10
ズバーーーン!!
きゃあっ!
ふむ、1／10の威力とはいえ
プーパッポンカリーを
受けるとは大したものだ
しかし、武器の特性と
いうものがわかって
おらんようだな
さすが
武神…
強いヤツ…
エライ…~
特性？
今…後ろに
気持ちの悪い
のが見えた
アル～
ひえええ
例えばこのように
開けた場所で
間合いをとれば
この長柄武器
ハルバードに
諸君らの武器が
かなう道理はない
長柄武器？
ああん?
そんなことも
知らんのか

武器には大まかに分けて6つのカテゴリーがあることを知れ！

1. 刀剣（ソード）

2. 短剣（ダガー）

3. 長柄（ポール・ウェポン）

4. 打撃（ストライキング・ウェポン）

5. 射出・投擲（ミサイル・ウェポン）

6. その他（アザーズ）

敵を知り 己を知れば 百戦あやう からず！

素質ある若者よ！ここで我輩のすべてを吸収し武神を目指すのだ！

どーん！！

HAHA HAHA！

元よりそのつもり

あいつは怪しいアルが…

言ってることは間違ってないわね

ボクがんばるー！

あー ところで諸君 今日は遠路はるばる ご苦労であったな

堅い話はこれくらいにしてまずは風呂にでも入ってきたまえ♡

はあーい♡

いい匂いがあ…ぜー

あーモルじゃスオメ…いいろだぁ～

いきなりお風呂！？

やっぱりベドアルー！

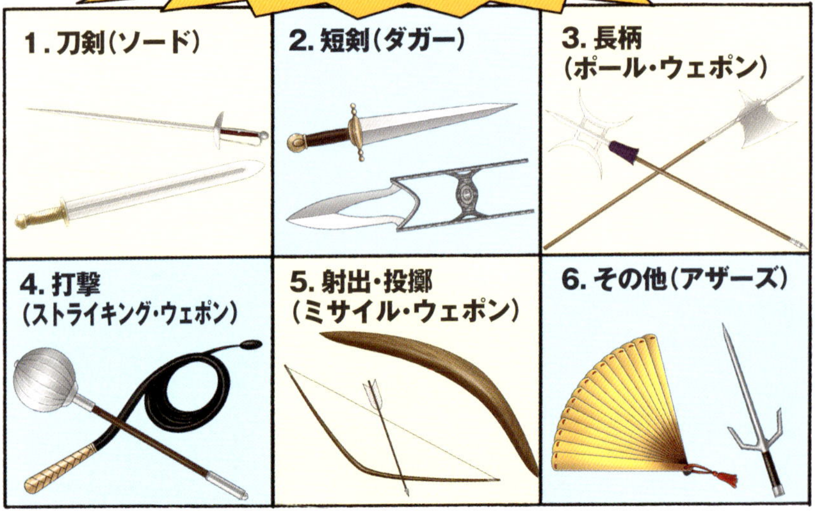

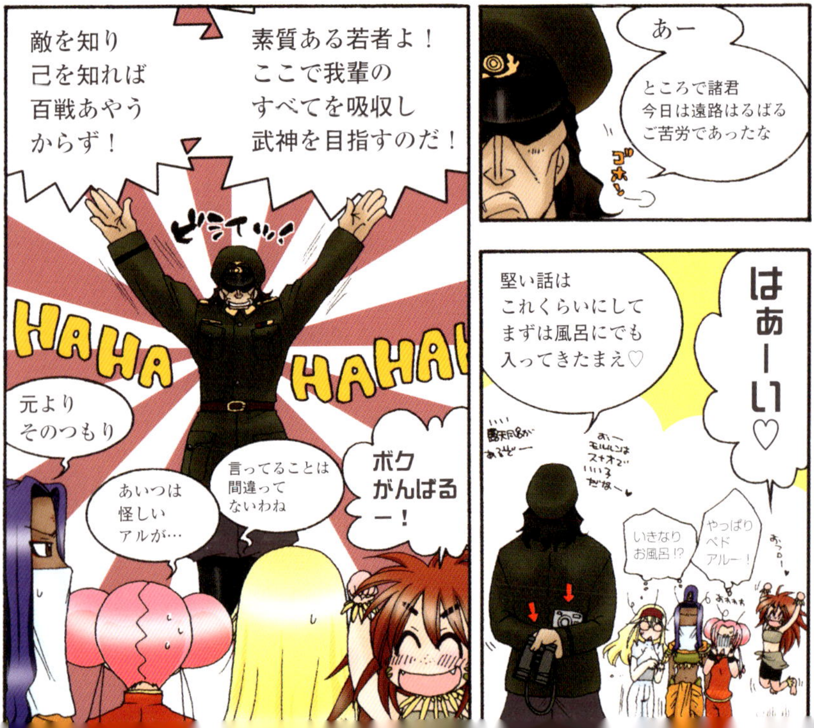

第1章 刀剣

Swords編

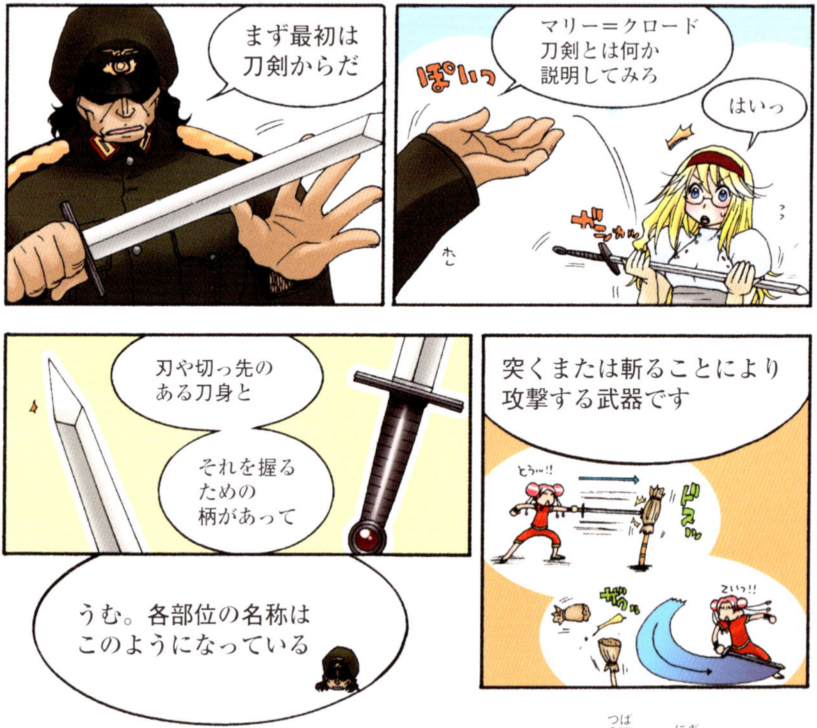

まず最初は刀剣からだ
ぽいっ
マリー＝クロード
刀剣とは何か
説明してみろ
はいっ
刃や切っ先の
ある刀身と
それを握る
ための
柄があって
突くまたは斬ることにより
攻撃する武器です
とう…!!
ドスッ
ザクッ
えいっ!!
うむ。各部位の名称は
このようになっている

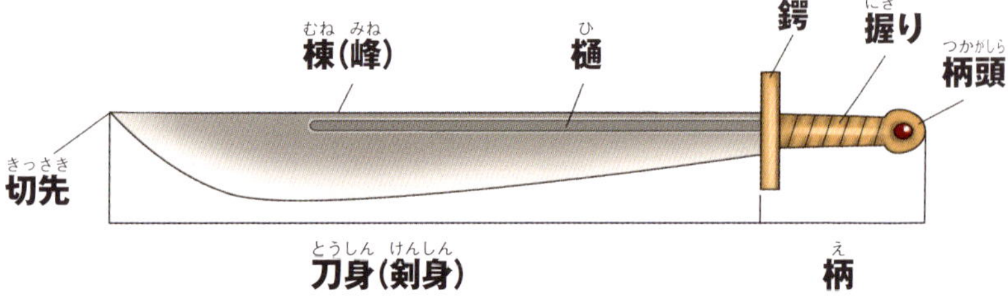

切先《きっさき》
棟《むね》(峰《みね》)
樋《ひ》
鍔《つば》
握《にぎ》り
柄頭《つかがしら》
刀身《とうしん》(剣身《けんしん》)
柄《え》

刀剣は腕の延長として
扱いやすく、携行に便利で
しかも威力もあるわ
武器としてバランスがいいから
世界中で様々な形状の刀剣が
作られているの
刀剣の長所は
バランスアルな
その一方で、刀剣を扱う技術には
個人の資質や習熟期間が
大きく影響するわ
また
つまらぬものを
切って
しまった
まっぷたつ～
よく切れる
アル～～
スイカ
なら～
達人と素人の差が
顕著ということだな
また戦士階級は
日常的に携帯
するから
装飾を凝らしたり
精神性を付加したり
武器の性能以上に
重要視される
こともあるわね
大ホー
ねーねー
マリー
ニポーンの『カタナ』
フシギな剣ネー♡
見て見て
アルー♡
ピーッ
ピーッ
ちーっ
ちーっ
水
芸
それでは
刀剣を見ていく
バカでしょ
アンタたち
そもそも
ソレじゃ戦って
ないじゃないの
ガク
ガク
うーむ
思ってたより
バカかもしれんな…

スパタ
Spatha

全長60～100cm
重量0.9～1.2kg
古代ローマ(紀元前7～紀元4世紀)

ローマ帝国の騎兵によって使われた片手剣。刺突に向いたまっすぐな剣身を持つ。形状はグラディウスと同じだが、やや長めに作られている。剣を意味するイタリア語の“spada”、スペイン語の“espada”はこれが語源。

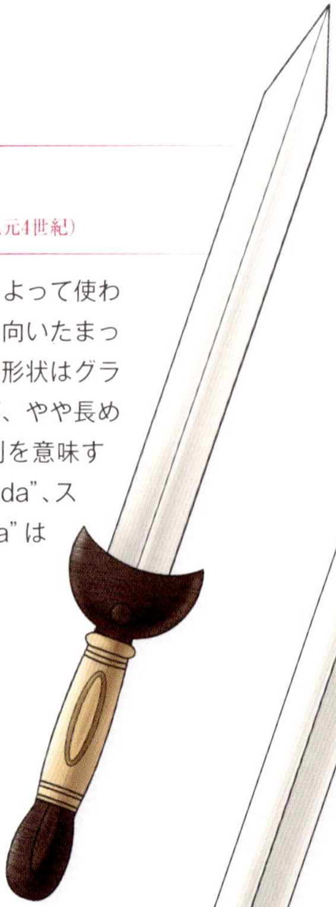

グラディウス →p.53
Gladius

全長60～80cm
重量0.9～1.6kg
古代ローマ
(紀元前4～紀元1世紀)

両刃の直剣で、剣身は幅広くやや短い。剣闘士(グラディエーター)の武器として有名だが、本来は重装歩兵の武器。彼らは密集隊形で大きな盾を持っていたため、盾の隙間から敵を突くのに短い剣が有利であった。

ファルカタ
Falcata

全長35～65cm　重量0.5～1.2kg
古代ローマ(紀元前6～紀元2世紀)

鉈のように先端が重い、切れ味の良い曲刀。柄頭が傘の柄のようにカーブして手を保護すると同時に、すっぽ抜けにくくなっている。この柄頭には鳥などの頭部が彫刻されているものが多い。

バイキングソード →p.44

Viking sword

全長60 ～ 80cm
重量1.2 ～ 1.5kg
ヨーロッパ（5 ～ 12世紀）

その名の通り、もともとは北欧のバイキングたちが使っていた片手剣。剣身は幅広で、厚く、やや短い。軽量化のために樋を大きく取っているのが特徴。ノルウェー語風にヴィーキングソードともいう。

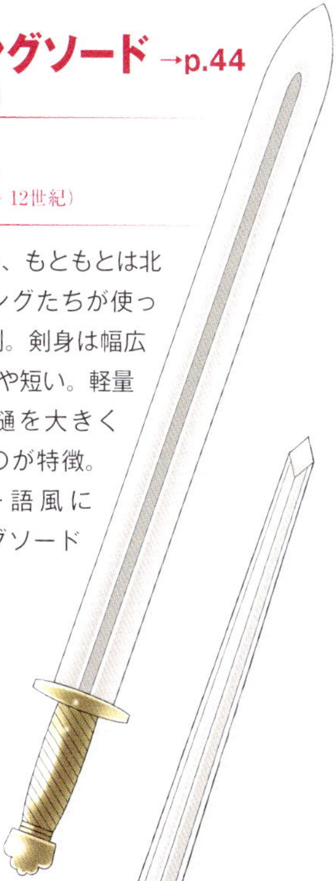

ショートソード

Short sword

全長70 ～ 80cm
重量0.8 ～ 1.8kg
ヨーロッパ（14 ～ 16世紀）

14 ～16世紀の重装歩兵が装備していた、ロングソードを短くしたような片手剣。剣を腕の延長として操るには70 ～ 80cmが限界とされるため、剣身を短くして混戦での扱いやすさを重視している。

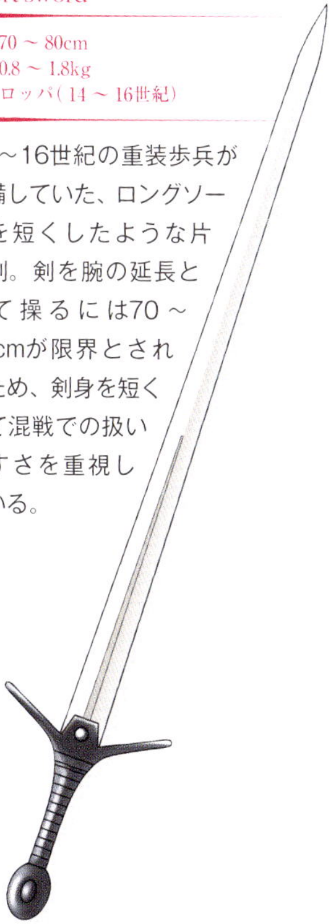

ロングソード →p.45

Long sword

全長80 ～ 100cm　重量0.9 ～ 2kg
ヨーロッパ（11 ～ 16世紀）

長い剣身を持つシンプルな片手剣であり、主に馬上で使われる。初期のものは幅がやや広く肉厚で樋を持つが、新しい時代のものほど剣身が細く切っ先が鋭くなっている。主に騎士が使用したため、ナイトソードとも呼ばれる。

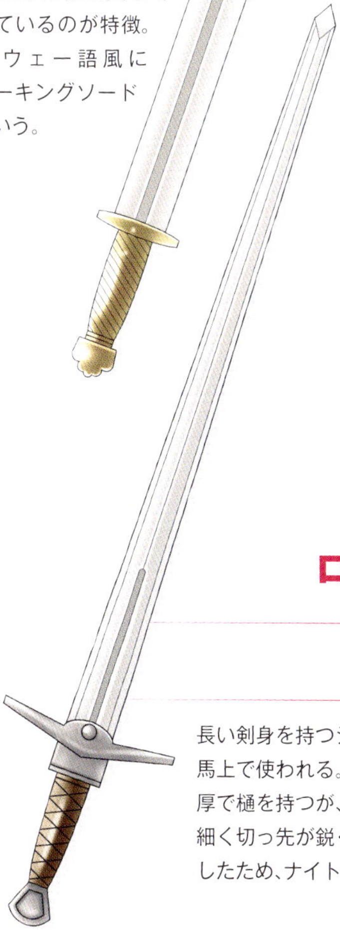

クレイモア →p.36

Claymore

全長100 ~ 190cm
重量1.8 ~ 4kg
スコットランド（14 ~ 18世紀）

片手で扱えるものもあるが、その多くは両手で扱うハイランダーの大型剣。両手剣としては珍しく、自重を利用して断ち斬るのではなく、鋭い刃で撫で斬るタイプ。鍔の先端の四つ葉飾りが特徴的だが、三つ葉飾りや飾りを欠くものもある。

バスタードソード

→p.40

Bastard sword

全長115 ~ 140cm
重量2.2 ~ 3kg
ヨーロッパ（16 ~ 17世紀）

片手でも両手でも扱える、長く細身の片手半剣。盾を持って片手で戦うことも、両手で力を込めて振るうこともでき、両手剣ほど持ち運びに不便がないというのは魅力。ただし、片手剣は100cm以下が普通だが、この剣はかなり長いため片手で扱うにはかなり技量がいる。

グレートソード

→p.38

Great sword

全長90 ~ 500cm　重量1.2 ~ 15kg
ヨーロッパ（11 ~ 18世紀）

剣の中でも特に大きなものの総称。明確な定義はなく、片手剣、片手半剣、両手剣を含むが、ロングソードをそのままスケールアップアップしたものを指すことが多い。教会などに奉納されたものの中には3m以上のものもある。

ツヴァイハンダー →p.34

Zweihänder

全長140～280cm
重量2～9kg
西ヨーロッパ(13～17世紀)

長い柄と鍔を持つ最大クラスの両手剣。剣身の根本に刃のない部分(リカッソ)を持ち、両手で柄とリカッソを握って長柄武器のようにも使える。ドイツ発祥のため、ドイツ語の“Zweihänder（両手持ち）”の名で知られる。

フォセ

Faussar

全長100～120cm　重量3～4kg
ヨーロッパ(12～14世紀)

両手剣というより両手鉈。刃は鎌のように内側についており、鉈のように重量で断ち斬るタイプ。ただし、先端付近は両刃になっており、棟側の突起で引っ掛けるように斬ることもできる。

フランベルジェ →p.35

Flamberge

全長130～150cm　重量3～4kg
西ヨーロッパ(16～18世紀)

フランス語の“flamboyant（燃え上がること）”を語源とする、炎のように波打った剣身を持つものの総称。この薄く波打った刃で斬りつけられると肉が深く広範囲に抉れ、治癒しづらい。現存するものは儀礼用のツヴァイハンダータイプが多い。

アネラス
Anelace

全長70 ~ 95cm
重量1.8 ~ 3kg
西ヨーロッパ(15 ~ 16世紀)

イタリア製のブロードソードとされることもあるが、ブロードソードと異なりレイピアが全盛を迎える頃には姿を消している。むしろ短剣のチンクエディアを長く伸ばしたものといえ、剣身の幅が太くかなり重い。

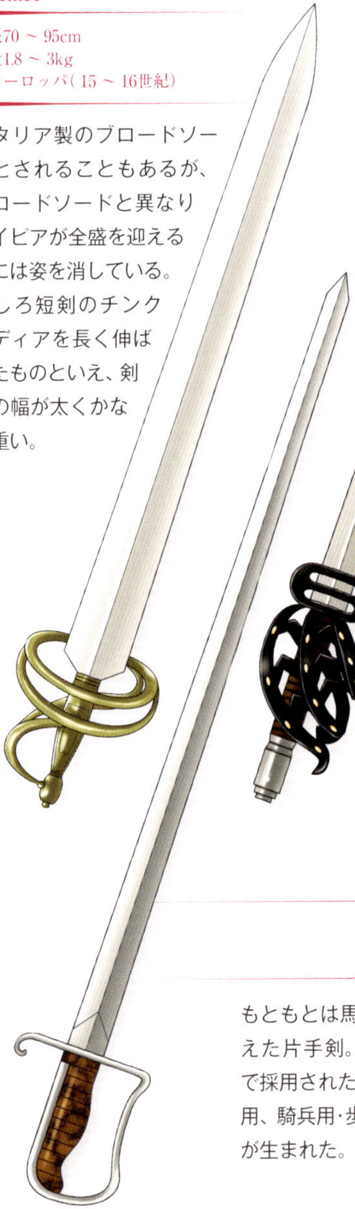

スキアヴォーナ
Schiavona

全長70 ~ 85cm　重量1.5 ~ 1.8kg
西ヨーロッパ(16 ~ 18世紀)

独特な形状の籠状護拳を備えたブロードソードの一種。ヴェネチア共和国の親衛隊はスラブ人で構成されていたが、彼らの装備として開発されたことから、イタリア語の“Slavonic(スラブ人の)”が転じてスキアヴォーナとなったようだ。

サーベル →p.50
Sabre,Saber

全長70 ~ 120cm　重量0.6 ~ 2.4kg
世界各地(16世紀~現在)

もともとは馬上用の、剣身が長く護拳を備えた片手剣。近代以降に多くの国の軍隊で採用されたため、片刃・両刃、刺突用・斬撃用、騎兵用・歩兵用と様々なバリエーションが生まれた。英語風にセイバーともいう。

ワルーンソード
Walloon sword

全長60 ～ 70cm
重量1.2 ～ 1.6kg
西ヨーロッパ(16 ～ 17世紀)

ベルギー南部のワルーン人によって使われていたブロードソードの一種。ハート形の鍔が特徴で、これは貝鍔とも呼ばれる。ハートの上部には親指を引っ掛ける鈎があり、これは力を込めたり微妙なコントロールをするのに役立つ。

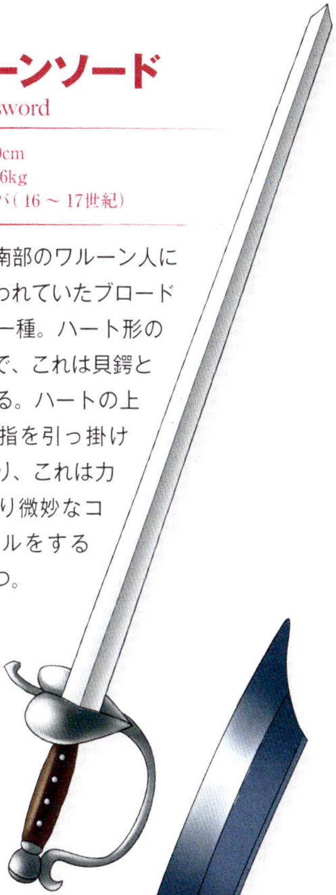

カッツバルゲル
Katzbalger

全長60 ～ 85cm
重量1.2 ～ 2kg
西ヨーロッパ(15 ～ 17世紀)

主にドイツの傭兵によって使われたブロードソードの一種。鍔の両端が弧を描き、S字または8の字形になっているのが特徴。ドイツ語の“Katze（ネコ）＋balgen（乱闘）”から、ネコの喧嘩のような乱闘で使う剣という説がある。

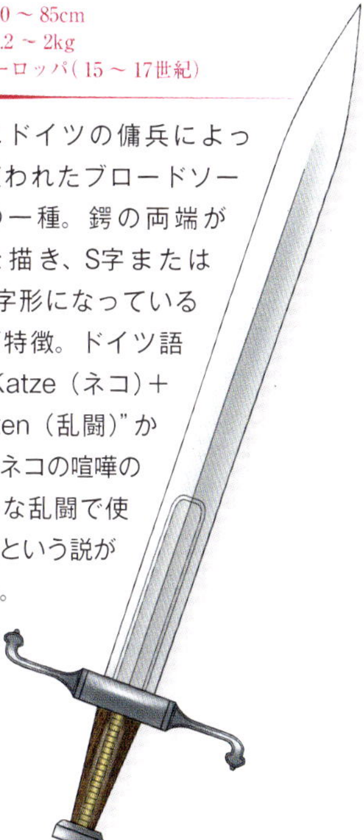

ドゥサック
Dusack

全長50 ～ 95cm　重量1.5 ～ 2kg
東ヨーロッパ(16 ～ 19世紀)

ボヘミア地方で軍刀として用いられた刀。柄と護拳部分は刀身と一体化しており、刀身は短めで幅広の物が多い。シンプルなつくりで製造コストが低いため、他国でもファルシオンやカットラスなどの剣術練習用として用いられた。

エストック →p.46

Estoc

全長80 〜 130cm
重量0.7 〜 1.2kg
ヨーロッパ(13 〜 17世紀)

非常に細い刺突専用の剣。剣身は細く斬ることはできないが、見た目よりも強度があり、金属鎧すら貫通できる。長い柄を両手で持って突き刺すことができる片手半剣タイプも多い。タックあるいはノッカーとも呼ばれる。

ブロードソード →p.51

Broad sword

全長70 〜 80cm　重量1.4 〜 1.8kg
ヨーロッパ(17 〜 19世紀)

護拳を備えた片手剣。銃の普及により金属鎧が廃れ、レイピアのような細身の剣が流行していた時代に登場した。当時の剣としては幅が広かったため“broad sword（幅広の剣）”と呼ばれるが、中世の剣に比べると細身。切れ味が鋭く、斬撃に適している。

レイピア →p.48

Rapier

全長90 〜 120cm　重量0.8 〜 1.6kg
ヨーロッパ(16 〜 17世紀)

刺突を得意とする両刃の長剣で、あまり斬ることには適していない。レイピアは軽装で使用する剣であるため、籠手の代わりに複雑な護拳が発達しており、盾の代わりに短剣やマントを左手に持って戦うスタイルが一般的であった。

エペ →p.47

Épée

全長100 ～ 110cm
重量0.5 ～ 0.8kg
ヨーロッパ（16世紀～現在）

軽装の相手を突き刺すのに特化した長剣。レイピアのような細身の剣が基になっている。剣の断面は三角形で、細いが曲がりにくい剣身とお椀形の鍔が特徴。“Épée”とはフランス語で剣の意味。

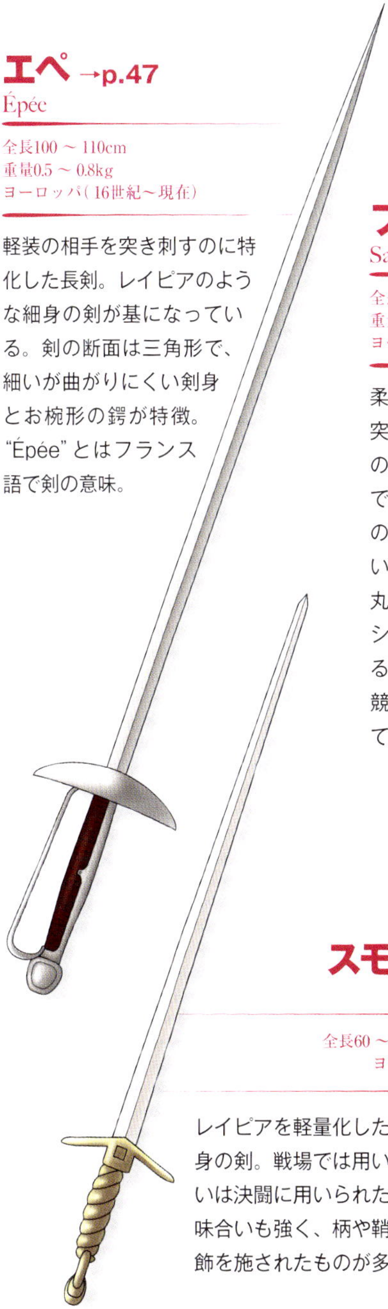

フルーレ

Sabre,Saber

全長100 ～ 110cm
重量0.3 ～ 0.5kg
ヨーロッパ（17世紀～現在）

柔軟な剣身（剣針）を持つ刺突専用の剣。フェンシングの練習用に開発された剣であり、剣道でいう竹刀のようなもの。刃は付いておらず、切っ先は丸めてある。フェンシングの基本となる競技で使われ、競技名にもなっている。

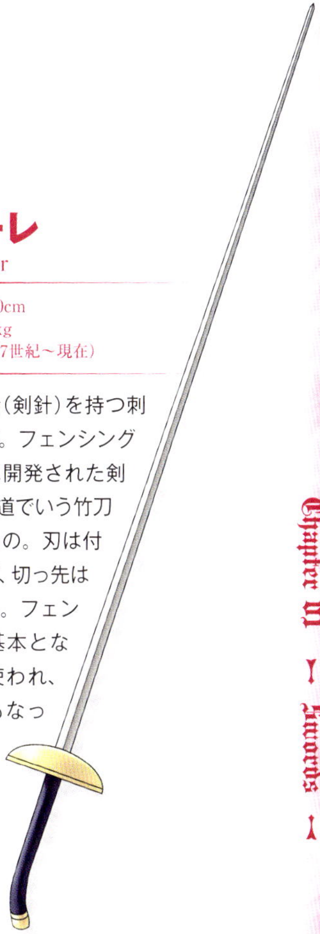

スモールソード

Small sword

全長60 ～ 70cm　重量0.5 ～ 0.7kg
ヨーロッパ（17 ～ 20世紀）

レイピアを軽量化した、平時に持ち歩く細身の剣。戦場では用いられず、護身用あるいは決闘に用いられた。装飾品としての意味合いも強く、柄や鞘は貴金属や宝石で装飾を施されたものが多い。

コリシュマルド
Colichemarde

全長70 ～ 100cm
重量0.8 ～ 1kg
ヨーロッパ（17 ～ 18世紀）

根元はそれなりの太さだが、先端に向かって急激に細くなる刺突専用剣。エストックのような大型の刺突剣を片手で扱いやすくするために、軽量なフェンシング用のエペなどを参考にして改良されたといわれる。

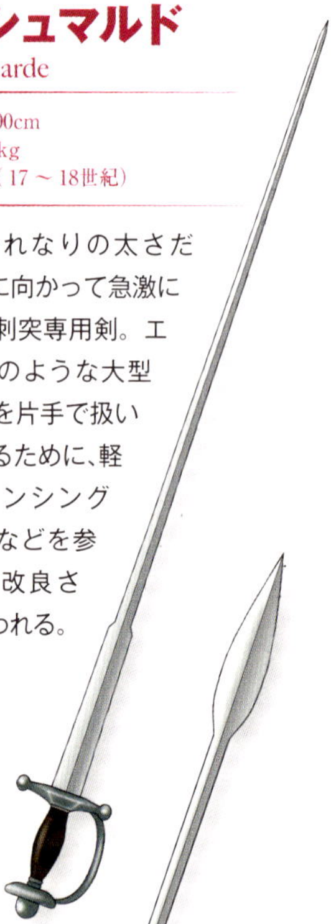

バゼラード
Baselard

全長40 ～ 70cm
重量0.5 ～ 0.8kg
西ヨーロッパ（15 ～ 16世紀）

スイスの長槍部隊であるパイク兵のサブウェポンとして知られ、サイズは短剣よりやや大きい程度。三日月形をした柄頭と鍔が特徴。バゼラードという名はスイスの都市バーゼルに由来するという説がある。

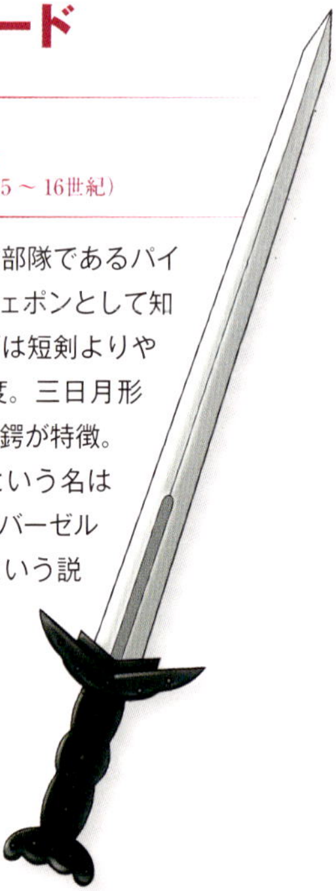

ボアスピアーソード
Boar spear sword

全長90 ～ 100cm　重量1.4 ～ 1.6kg
ヨーロッパ（16 ～ 18世紀）

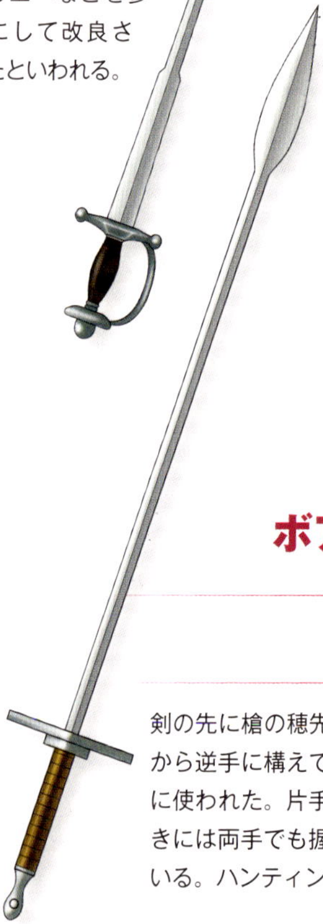

剣の先に槍の穂先を付けたような形状で、馬上から逆手に構えてイノシシなどの獲物を突くのに使われた。片手剣ではあるが、力を込めるときには両手でも握れるよう柄が長めに作られている。ハンティングソードとも呼ばれる。

エグゼキューショナーズソード

Executioner's sword

全長100 ～ 120cm
重量1 ～ 1.6kg
ヨーロッパ(17 ～ 18世紀)

エグゼキューショナーとは死刑執行人のこと。その名の通り、死刑囚の首を刎ねるのに使われた。刺突の必要がないため切っ先は丸い。日本と異なり、斬首は軍人や貴族に適用された刑であるため、剣身に美しい彫刻を施したものが多い。

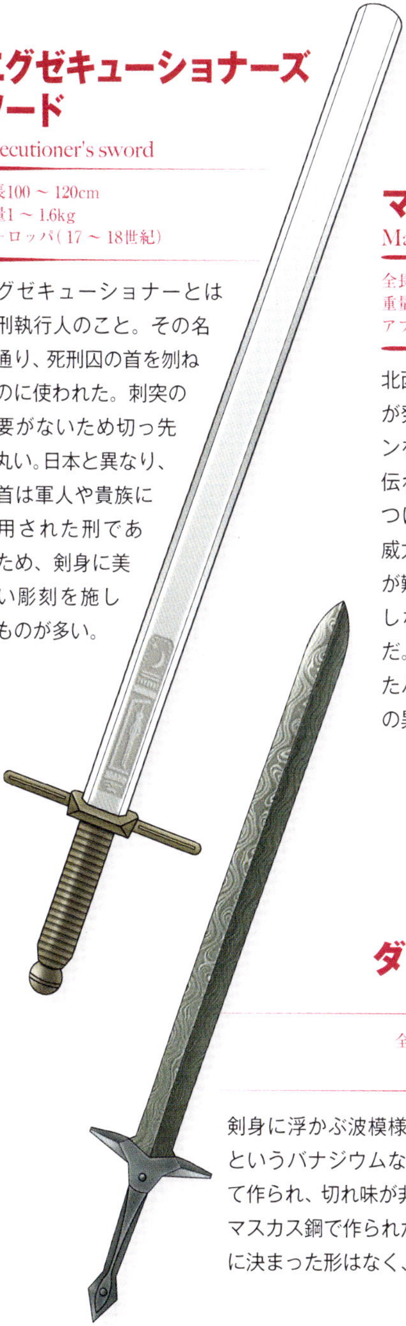

マンプル

Manople

全長60 ～ 100cm
重量2.2 ～ 2.5kg
アフリカ～ヨーロッパ(14 ～ 15世紀)

北西アフリカのイスラム教徒が発明したといわれ、スペインを経由してヨーロッパにも伝わった。籠手に三叉槍をつけたようなものであり、威力は高いが、扱いが難しいため普及しなかったようだ。形のよく似たパタとは系統の異なる武器。

ダマスカスソード

Damascus sword

全長70 ～ 110cm　重量1.2 ～ 2.4kg
世界各地(7世紀～現在)

剣身に浮かぶ波模様が美しい剣。ダマスカス鋼というバナジウムなどを含有した特殊鋼を用いて作られ、切れ味が非常に鋭い。インド発祥のダマスカス鋼で作られた刀剣の総称であり、形状的に決まった形はなく、短剣も有名である。

カットラス →p.54
Cutlass

全長50～60cm
重量1.2～1.4kg
ヨーロッパ(16～20世紀)

反りのある厚い刀身を持つ、船乗り御用達の刀。やや短めで船上でも扱いやすく、水を吸った太いロープや帆を切るのにも十分な切断能力を有する。切っ先のみ両刃になっている擬似刃(フォルスエッジ)タイプが一般的。カトラスという表記もされる。

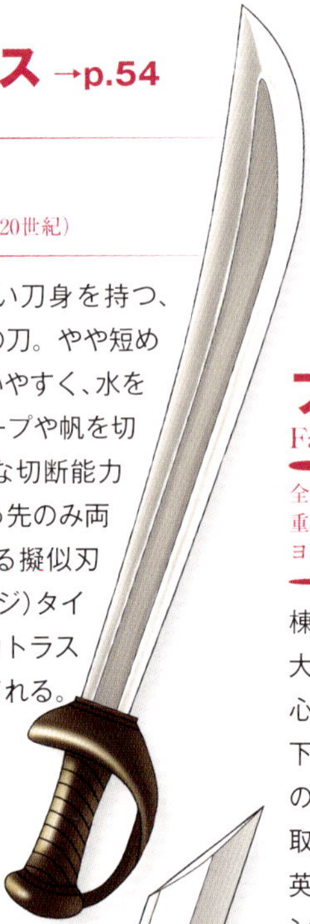

ファルシオン →p.52
Falchion

全長70～90cm
重量1.3～1.7kg
ヨーロッパ(11～16世紀)

棟側はまっすぐだが、刃側が大きく弧を描くのが特徴。重心が切っ先近くにあり、振り下ろすようにして断ち斬るのには適するが、すばやい取り回しや突きは苦手。英語風にフォールションとも呼ばれる。

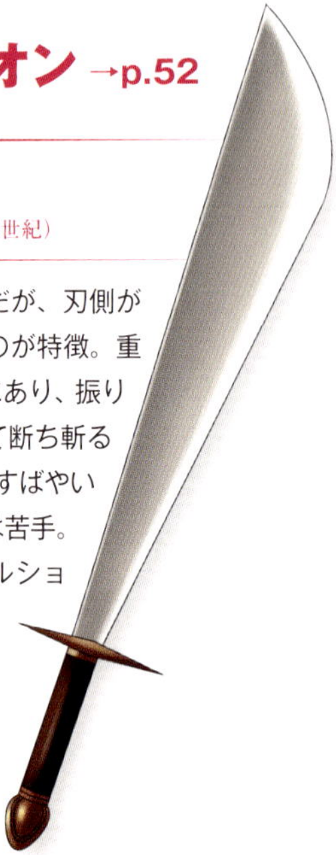

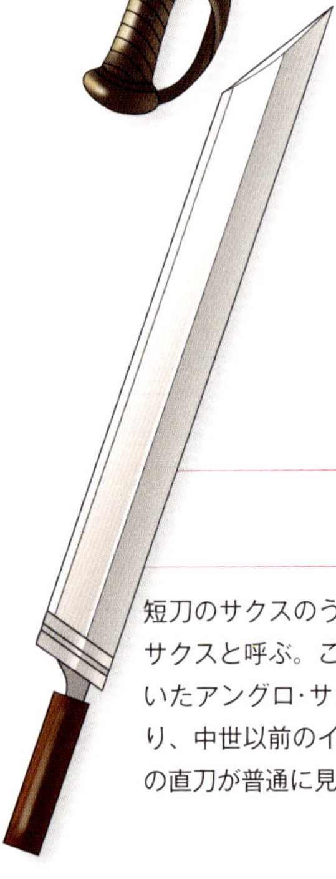

スクラマサクス
Scramasax

全長50～75cm　重量0.6～0.8kg
ヨーロッパ(6～11世紀)

短刀のサクスのうち、特に長いものをスクラマサクスと呼ぶ。これはイングランドの基盤を築いたアングロ・サクソン人の戦士の持ち物であり、中世以前のイングランドではこうした片刃の直刀が普通に見られた。

ヤタガン
Yatagan

全長50 ～ 85cm
重量0.5 ～ 0.8kg
中東（17 ～ 19世紀）

オスマントルコで軍刀として採用された細身の曲刀。その刀身は内向きに大きくカーブするが、先端部は微妙に反っている。柄頭の形にも特徴があり、両脇が蝶の羽のように立ち上がり、すっぽ抜けにくくなっている。

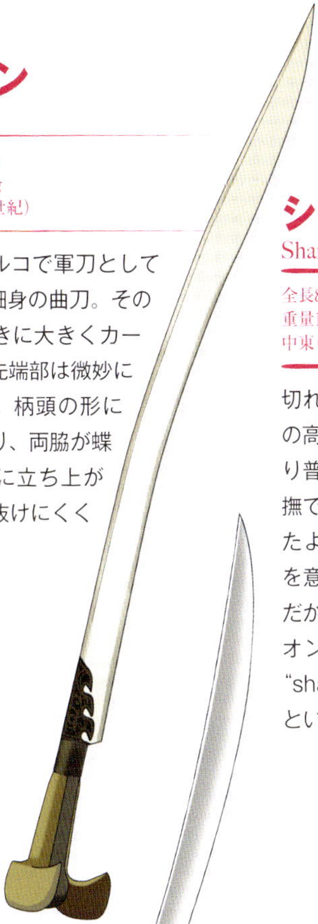

シャムシール →p.55
Shamshir

全長80 ～ 100cm
重量1.2 ～ 1.8kg
中東（13 ～ 20世紀）

切れ味の良い曲刀。中東は気温の高い地域が多く、鎧兜があまり普及しなかった。そのため、撫で斬るタイプの刀が発達したようだ。ペルシャ語で剣を意味する“smsyl”が語源だが、その形状から「ライオンの尾」を意味する“shafsher”に由来するという説もある。

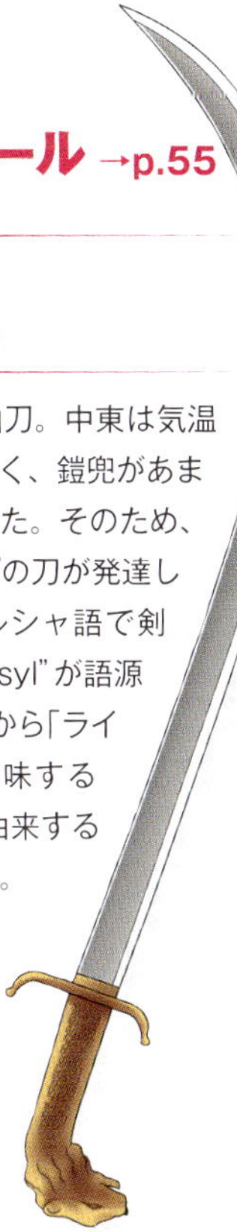

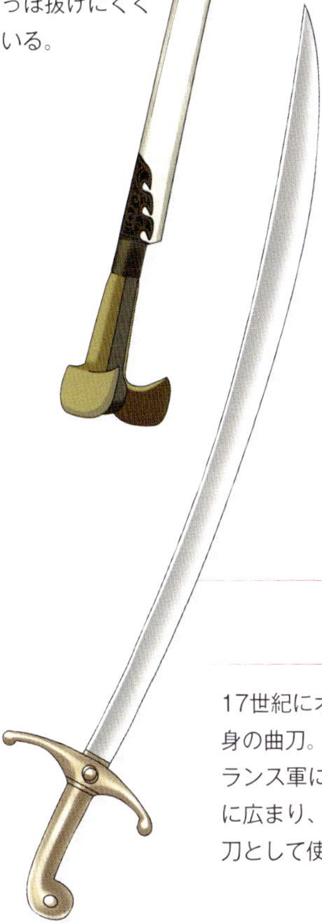

カラベラ
Karabela

全長90 ～ 100cm　重量1.2 ～ 1.8kg
中東～ヨーロッパ（17 ～ 20世紀）

17世紀にオスマントルコで使われていた細身の曲刀。18世紀にナポレオンによってフランス軍に採用されたことからヨーロッパに広まり、19世紀に入るとポーランドで軍刀として使われた。

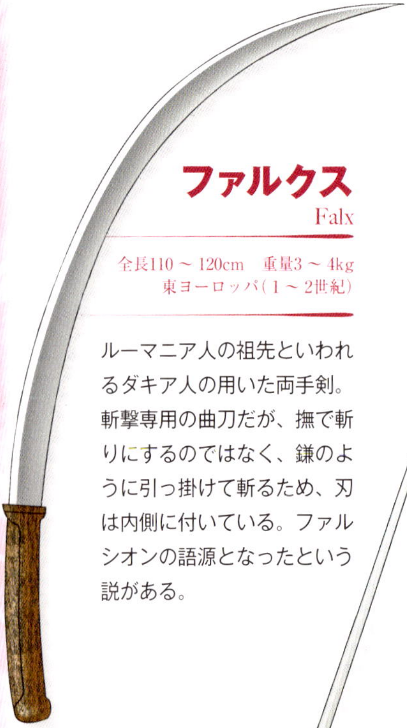

ファルクス

Falx

全長110 ～ 120cm　重量3 ～ 4kg
東ヨーロッパ（1 ～ 2世紀）

ルーマニア人の祖先といわれるダキア人の用いた両手剣。斬撃専用の曲刀だが、撫で斬りにするのではなく、鎌のように引っ掛けて斬るため、刃は内側に付いている。ファルシオンの語源となったという説がある。

ダオ

Dao

全長100 ～ 130cm
重量2.5 ～ 4kg
インド（15 ～ 20世紀）

インド北東部で使われた両手剣。柄が非常に長く、鍔が2か所にあるなど、ツヴァイハンダーとの類似点が多い。国境を接する中国の「刀（dao）」という言葉が、このような刀剣を指し示す言葉として移入された可能性がある。

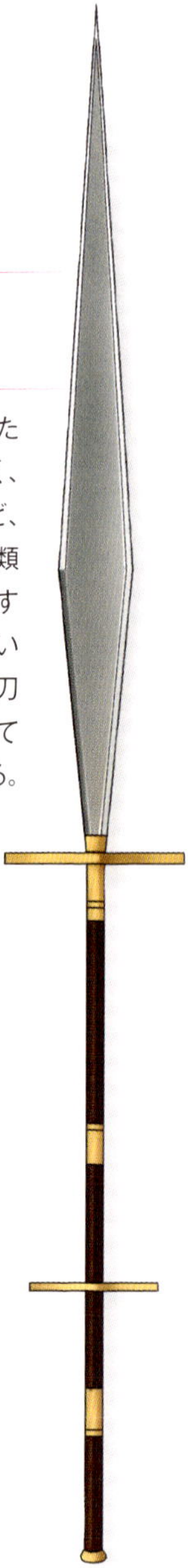

メルパッターベモー

Mel puttah bemoh

全長150 ～ 170cm　重量2.1 ～ 2.8kg
インド（17 ～ 18世紀）

レイピアタイプの剣身を持つ両手剣。切れ味の鋭い細身の剣身は、軽装の相手を斬りつけるのにも突き刺すのにも適している。左右の持ち手に一つずつ計二つの鍔を持つことと、バランスを取るための重い柄頭が特徴。

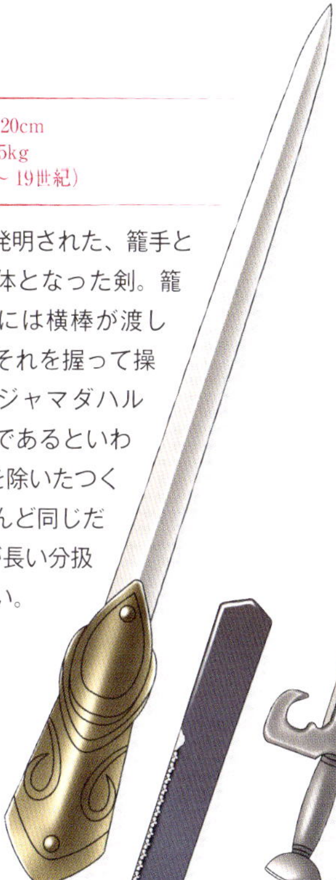

パタ
Pata

全長100 ～ 120cm
重量1.5 ～ 2.5kg
インド（17 ～ 19世紀）

インドで発明された、籠手と剣身が一体となった剣。籠手の内部には横棒が渡してあり、それを握って操作する。ジャマダハルの進化型であるといわれ、籠手を除いたつくりはほとんど同じだが、剣身が長い分扱いが難しい。

パティッサ
Pattisa

全長110 ～ 130cm　重量1.5 ～ 1.8kg
インド（17 ～ 18世紀）

幅広く先太りの剣身を持つインドの片手剣。切っ先は鋭くないのが特徴で、剣身の重量を活かした斬撃に適している。鍔には小さな鈎爪があり、鍔迫り合いの際に相手の剣を絡めるのに役立つ。

カンダ
Khanda

全長89 ～ 150cm　重量1.3 ～ 2kg
インド（17 ～ 19世紀）

インドのマラータ族に伝わる剣。幅広で先端に向かってやや太くなる剣身が特徴で、先端はあまり鋭くないが刺突もできる。また、刃の一部は装飾的要素を持つ補強材で覆われ、斬撃に使用されない棟側はそのほとんどが覆われているものもある。

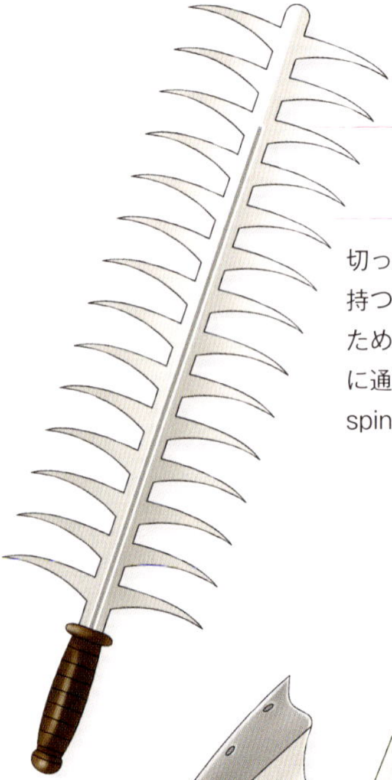

チャークー
Chaqu

全長65 ～ 75cm　重量0.8 ～ 1.2kg
インド（16 ～ 17世紀）

切っ先を持たず、横に張り出した側枝を多数持つ片手剣。この側枝は相手の剣を絡め取るためのものであり、短剣のソードブレイカーに通じるものがある。欧米の研究者には“fish spine sword（魚の背骨剣）”とも呼ばれる。

アジャ・カティ
Ayda katti

全長40 ～ 70cm　重量1 ～ 1.8kg
インド（17 ～ 19世紀）

インド南西部固有の刀。鎌をベースに発達したらしく、刃は内向きに大きくカーブしている。刀身の先端が幅広で重くなっているのが特徴で、鉈のように自重で断ち斬るタイプ。柄頭はしずく形の板状になっており、すっぽ抜けにくくなっている。

コラ
Kora

全長65 ～ 75cm　重量1.4 ～ 1.6kg
ネパール（9 ～ 19世紀）

グルカ族が用いた鉈のような刀。ほとんどものは切っ先を持たず、先端に向かって幅広くなるのが特徴だが、これは先端を重くして振り下ろす威力を高める工夫。刃は鎌のようにカーブの内側についている。

カスターネ
Kastane

全長40 ～ 100cm
重量0.5 ～ 1.4kg
セイロン島(年代不明)

スリランカ固有の刀。大きさは様々で、直刀タイプも曲刀タイプもある。この刀の特徴は、柄頭にライオン(シンハ)を模した飾りを有すること。慶長遣欧使節の支倉常長が日本に持ち帰ったことでも知られる。

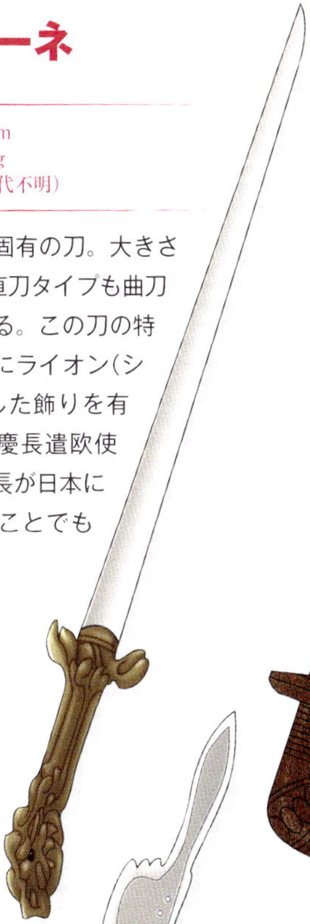

クレワング
Klewang

全長60 ～ 70cm　重量1 ～ 1.5kg
インドネシア(16世紀～現在)

インドネシアで使われる鉈タイプの刀。一般的な鉈に比べると、刀身は細長い。柄が刃側に向かってカーブしているのが特徴で、中には90°に折れ曲がっているものもある。これによりあまり力を入れなくとも断ち斬ることができるようだ。

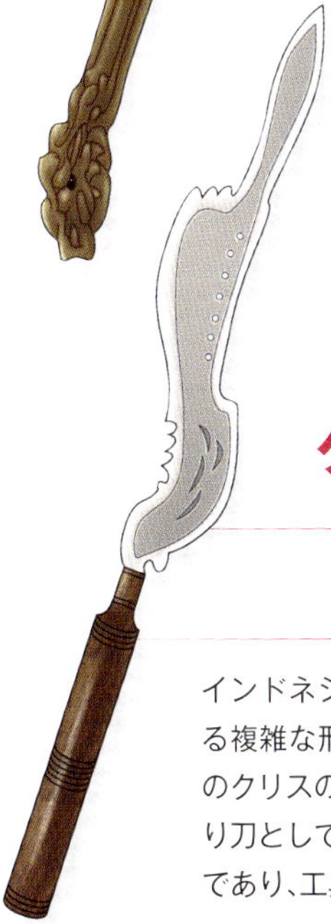

クディタランチャグ
Kuditranchang

全長60 ～ 70cm　重量1.5 ～ 1.7kg
東南アジア(15 ～ 20世紀)

インドネシアやマレーシアの島々で見られる複雑な形の剣。同じ地域で見られる短剣のクリスのように、悪霊を退ける力を持つ守り刀として用いられた。剣身や柄の形は様々であり、工具としても使われる。

フリッサ
Flissa

全長90 ～ 120cm
重量1.4 ～ 1.8kg
北アフリカ（18 ～ 20世紀）

アルジェリアのカビール人の用いた片刃の直刀で、非常に細長い刀身が特徴。切れ味を重視する刀は曲刀が多いが、フリッサは刃自体を波打たせることにより、曲刀のような撫で斬りを可能にしている。

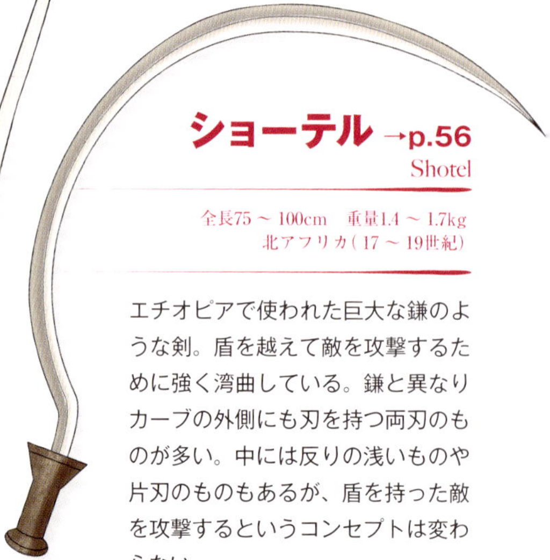

ショーテル →p.56
Shotel

全長75 ～ 100cm　重量1.4 ～ 1.7kg
北アフリカ（17 ～ 19世紀）

エチオピアで使われた巨大な鎌のような剣。盾を越えて敵を攻撃するために強く湾曲している。鎌と異なりカーブの外側にも刃を持つ両刃のものが多い。中には反りの浅いものや片刃のものもあるが、盾を持った敵を攻撃するというコンセプトは変わらない。

マムベリ
Mambeli

全長80 ～ 110cm　重量1.5 ～ 2.2kg
北アフリカ（年代不明）

スーダン固有の曲刀。隣国エチオピアのショーテルと似たような形状であり、相手の盾を迂回してダメージを与えるというコンセプトは共通している。先端付近が重く作られているため、ショーテルよりも貫通力が高い。

テブテジュ →p.57

Tebtje

全長40 ～ 100cm
重量0.3 ～ 1kg
キリバス（年代不明）

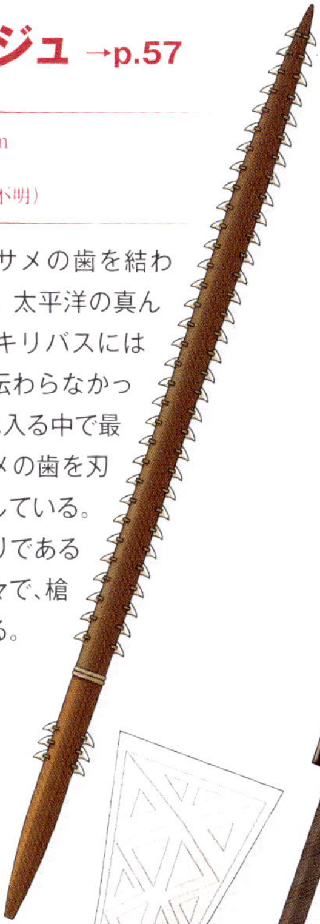

木製の芯にサメの歯を結わえつけた剣。太平洋の真ん中に浮かぶキリバスには製鉄技術が伝わらなかったため、手に入る中で最も鋭利なサメの歯を刃として利用している。すべて手作りであるため形は様々で、槍タイプもある。

マクアフティル

Macuahuitl

全長70 ～ 100cm　重量1 ～ 1.5kg
北アメリカ（年代不明）

アステカで用いられた棍棒のような剣。舟の櫂のような木製の芯に、磨いた黒曜石を刃として埋め込んでいる。刃は鋭いが欠けやすく、欠けた石は交換可能。木製部分に着色し、模様を描いたものも存在する。

イルウーン

Ilwoon

全長60 ～ 80cm　重量0.9 ～ 1.2kg
中部アフリカ（16 ～ 20世紀）

コンゴで使われていた片手剣。剣先が大きく広がった左右対称の剣身を持つ。鉈のように断ち斬るタイプの剣だが、先端部分にも刃はある。幾何学模様の装飾が施されており、祭礼に用いられた木製のものも存在する。

直刀

Chokutoh

全長80 ～ 130cm
重量0.5 ～ 1kg
中国(紀元前3 ～紀元13世紀)

その名の通りまっすぐな刀。日本では剣から太刀への過渡期に短期間使われただけだが、中国では長期にわたって使用され続けた。直刀であるにも関わらず刺突には使われず、斬撃専用の武器とされる。鍔がないのも特徴。

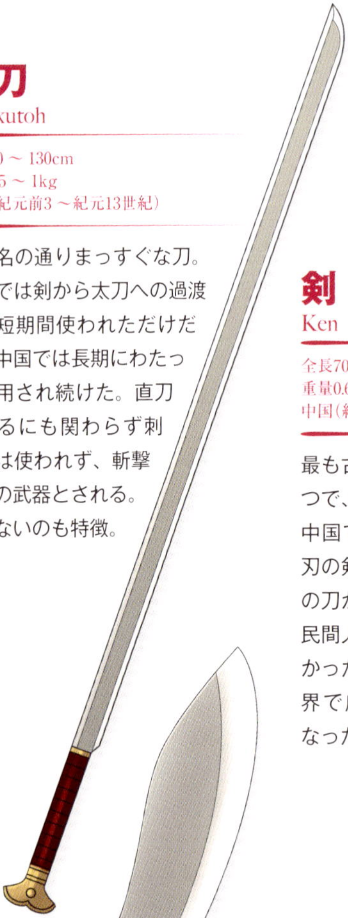

剣

Ken

全長70 ～ 140cm
重量0.6 ～ 2.5kg
中国(紀元前16 ～紀元20世紀)

最も古くからある刀剣の一つで、主に刺突に使われた。中国では3世紀になると両刃の剣は廃れはじめ、片刃の刀が主流となるが、剣は民間人の所持を禁止されなかったことから、武術の世界で広く使われることとなった。

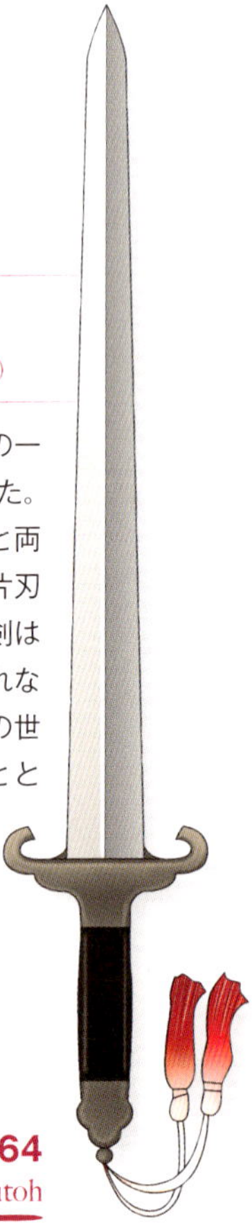

青龍刀(中国刀) →p.64

Seiryutoh

全長80 ～ 100cm　重量0.7 ～ 1kg
中国(7世紀～現在)

日本では中国刀を一般に青龍刀と呼んでいる。中でも典型的なものは、刃先に向かって幅広になる曲刀で、柄頭に飾りのあるタイプ。中国ではこうした曲刀を、柳葉刀、雁翅刀、九鈎刀など、形状により呼び分ける。

麟角刀

Rinkakutoh

全長70 ~ 90cm　重量0.8 ~ 1kg
中国（19世紀~現在）

形意拳などの中国武術で用いられる刀。鹿角のように切っ先が枝分かれしているのが特徴で、2本を両手に持って使用する。麟角とは麒麟の角の意味。本来、麒麟には角がないとされるが、鹿のような角を持つ姿で描かれることも多い。

倭刀 →p.61

Watoh

全長80 ~ 140cm
重量0.7 ~ 1.6kg
アジア（14 ~ 20世紀）

もともとは日本の太刀が中国などに輸出されたもので、後に現地でも生産されるようになった。太刀に比べると大振りのものが多く、拵えにも若干の違いが見られる。苗のように細長いことから、苗刀とも呼ばれる。

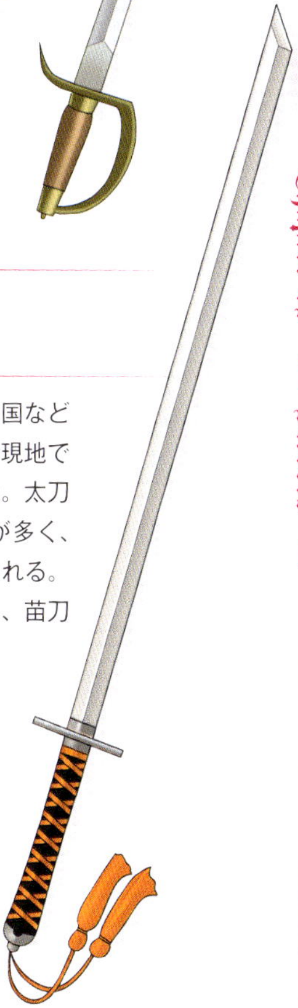

朴刀

Bokutoh

全長60 ~ 150cm　重量1.5 ~ 5kg
中国（10 ~ 20世紀）

偃月刀のような大刀の柄を短くし、近接戦闘で役立てようとしたもの。日本の長巻とはちょうど逆の発想で作られた。全長の長いものでも、柄より刀身のほうが長い傾向にある。両手で持つことから双手帯とも呼ばれる。

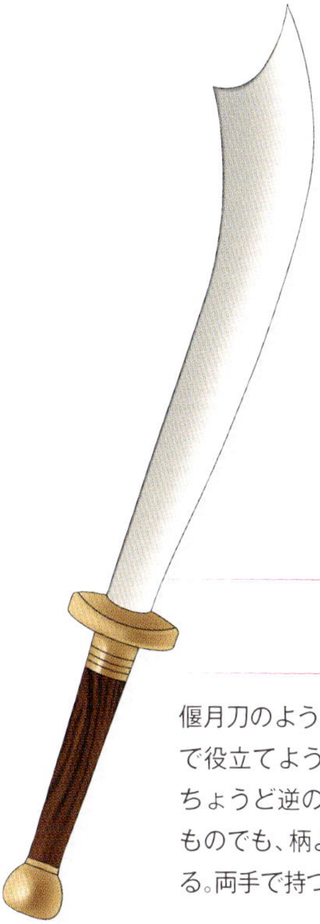

剣 →p.58

Tsurugi

全長20 ～ 90cm
重量0.5 ～ 0.8kg
日本（紀元前4 ～紀元6世紀）

日本では珍しい両刃の直刀。身分の高い者専用の武器であり、雑兵の手には渡らなかった。古墳時代には実戦兵器として刀と混在していたが、飛鳥時代には完全な儀礼用になり、武器としては姿を消している。

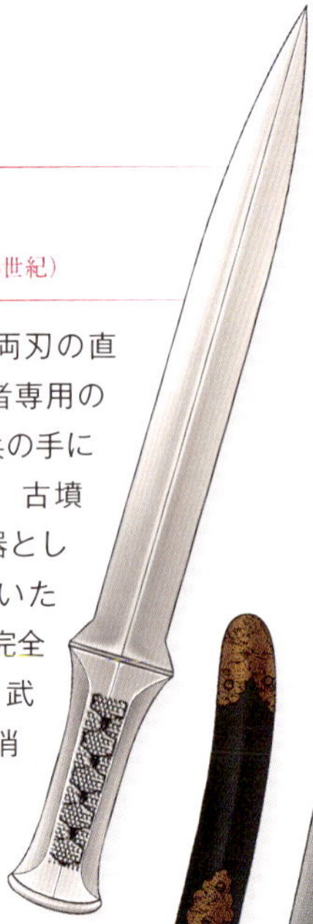

野太刀

Nodachi

全長120 ～ 300cm
重量1.5 ～ 8kg
日本（12 ～ 16世紀）

太刀の中でも、刃長3尺（約90cm）を超えるものを野太刀あるいは大太刀と呼ぶ。長くなれば間合い上は有利だが、重量も重くなり、使える者は限られる。また、刃長2尺（約60cm）未満の短い太刀は小太刀と呼ぶ。

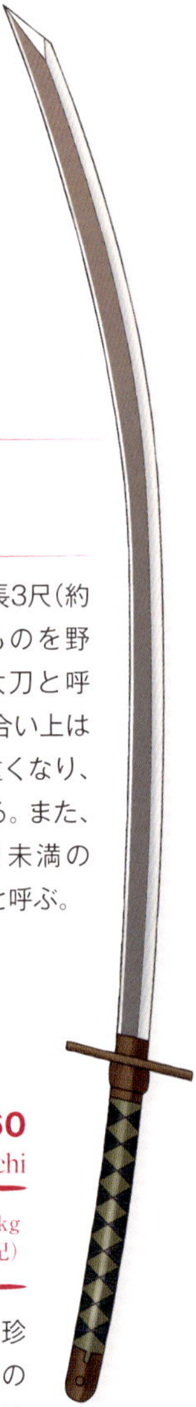

太刀 →p.60

Tachi

全長85 ～ 120cm　重量1 ～ 1.5kg
日本（10 ～ 16世紀）

日本刀の一種であり、世界的には珍しい両手で扱う片刃の刀。打刀との違いは概ね拵えのみで、基本的には同じもの。太刀は刃を下にして腰から紐で吊るし、打刀は刃を上にして帯に差す。

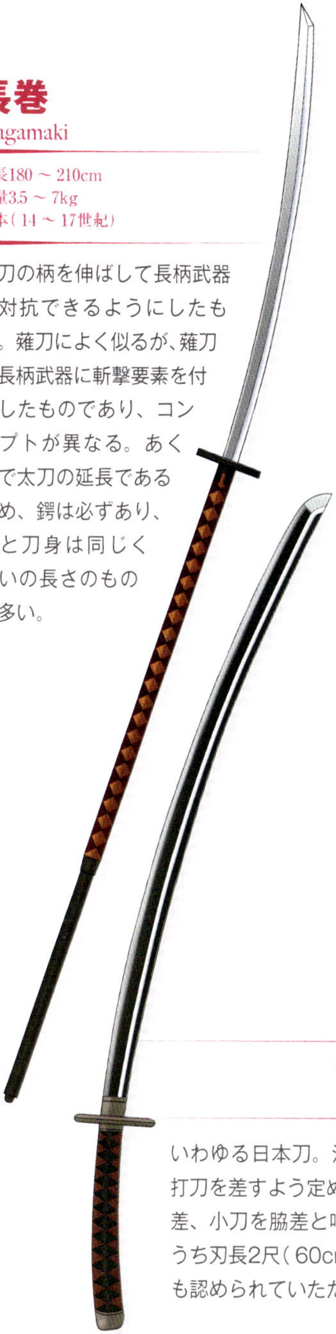

長巻

Nagamaki

全長180 ～ 210cm
重量3.5 ～ 7kg
日本(14 ～ 17世紀)

太刀の柄を伸ばして長柄武器に対抗できるようにしたもの。薙刀によく似るが、薙刀は長柄武器に斬撃要素を付加したものであり、コンセプトが異なる。あくまで太刀の延長であるため、鍔は必ずあり、柄と刀身は同じくらいの長さのものが多い。

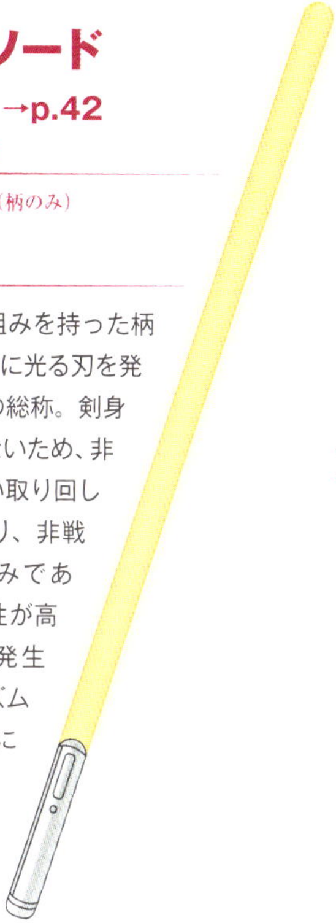

ライトソード（光剣）→p.42

Light sword

全長20 ～ 30cm(柄のみ)
重量不明
架空

何らかの仕組みを持った柄から、戦闘時に光る刃を発生させる剣の総称。剣身には重量がないため、非常にすばやい取り回しが可能であり、非戦闘時は柄のみであるため携行性が高い。光刃の発生するメカニズムは登場作品により異なる。

打刀 →p.62

Uchigatana

全長40 ～ 110cm　重量0.4 ～ 1.4kg
日本(14 ～ 19世紀)

いわゆる日本刀。江戸時代に武士は大小2本の打刀を差すよう定められた。この場合、大刀を本差、小刀を脇差と呼ぶ。脇差というのは打刀のうち刃長2尺(60cm)未満のもので、庶民の所持も認められていたため、道中差しとも呼ばれる。

これぞ真の両手剣！

ツヴァイハンダー

Zweihänder →P15

最大クラスのものは長さ280cm、重量9kgにもなるため、常人には扱えんだろう。やや小さめのものでも、槍のように右手と左手を20cm以上離して握らなければバランスを取ることは難しい。柄がひどく長いのもそのためで、ときにはリカッソを握って突くこともある。

片手剣のように手先で操ることはできないため、バットを振りかぶるようにして遠心力で振り抜くのが基本である。また、振り下ろしてしまっては次に繋げられないため、攻撃パターンは限られる。そのため、小手先の技術よりも腕力が物を言う武器であるな。

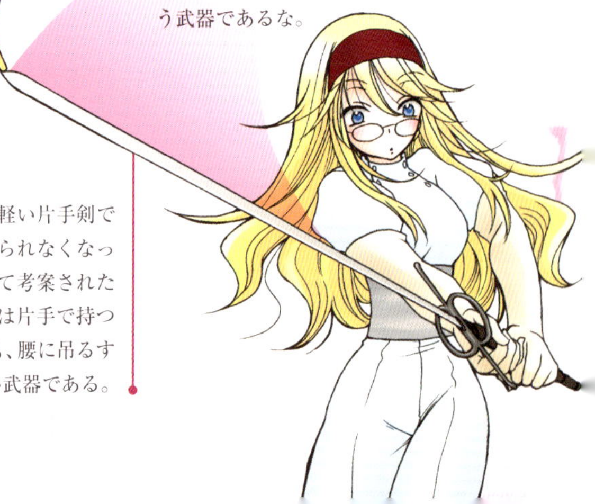

金属鎧が発達してくると、軽い片手剣ではなかなかダメージを与えられなくなった。そこで、対鎧武器として考案されたのが両手剣だ。真の両手剣は片手で持つことも、馬上で振るうことも、腰に吊るすこともできない、非常に重い武器である。

燃え上がる炎のゆらめき

フランベルジェ

Flamberge

→P15

フランベルジェは、銃器の発達によって兵の軽装化が進んだ16世紀に、鋭い刃で敵の肉を抉る目的で考案された武器である。しかしこの時期、大型の刀剣自体すでに流行遅れであり、フランベルジェの需要は、その美しさから主に儀礼用·装飾用としてであったようだ。

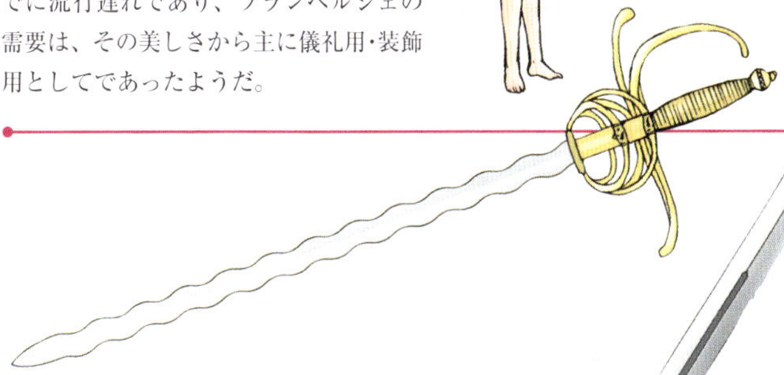

フランベルジェ型の剣身を持つレイピアも存在するが、こちらはドイツ発祥のためドイツ語風にフランベルクと呼ばれることが多い。ちなみに、レイピアタイプのほうがやや古くから知られ、ドイツでは実戦でも使われていたようだ。

8～9世紀に活躍したカール大帝(シャルルマーニュ)の騎士であるルノー·ド·モントーバンは、フランベルジェという銘の剣を愛用していた。しかし、当時の技術では複雑なフランベルジェ型の剣身を作れるはずはなく、彼の剣の形状はバイキングソードのような幅広の片手剣であったと思われる。

ハイランダーの心意気

クレイモア

Claymore

→P14

スコットランド高地のハイランダーたちが、独立を守るためイングランドとの戦闘で使用した剣がクレイモアである。ハイランダーたちはスコットランド人の中でも勇猛果敢で知られ、彼らの戦い振りと共にクレイモアの威力はヨーロッパ中に知れ渡った。

ウィリアム・ウォレスは13世紀末に実在したスコットランドの英雄である。『**ブレイブハート**』では片手半剣を使用しているが、これは恐らくクレイモアの原型であろう。ちなみに、ウォレスが使った剣とされるものは現存しており、全長140cmで剣身の幅が狭い簡素な剣である。

名前の由来は、スコットランド・ゲール語の“claidheamh mòr（大きな剣）”とするのが一般的だけど、“claidheamh da lamh（両手剣）”とする説もあるわ。どちらにしても、両手で扱う大きな剣を指す言葉が語源のようね。

『CLAYMORE』で妖魔退治に勤しむクレアの剣もクレイモアだ。彼女は自分の背丈ほどもある大剣を片手で振り回すが、これは半妖のため力が強いのであろう。また、剣身が鍔元で異様に細くなる独特の形状は、一般的なクレイモアとは異なる。

両手剣というのは、鎧武者にダメージを与えるというコンセプトで製作された重い武器だ。しかし、クレイモアは両手剣としてはやや小振りであり、刃が薄く切れ味が鋭いため、むしろ銃器の発達に伴い兵の軽装化が進んだ16世紀以降に全盛期を迎えた珍しい両手剣である。

18世紀に登場したブロードソードの一種にも、クレイモアの名が冠されているものがある。これは籠状の護拳を備えた片手剣で、やはりスコットランドのものである。こちらのクレイモアはスコットランドの部隊に軍刀として採用され、第二次世界大戦でも使われている。

実在もします

グレートソード

Great sword

→P14

教会に奉納するために製作された全長3m以上の大剣は実在し、博物館などで実物を見ることもできる。これらの剣を単に「巨大な剣」という意味で「グレートソード」と呼ぶこともあり、規格外れの巨大剣＝グレートソードとされるようになった原因であろう。

"great sword（大きな剣）"という名前から、西洋最大の剣とされたり、両手剣の総称として使われることもあるけど、実際のところ定義ははっきりしていないわ。とりあえず狭義では、ロングソードのような形をした両手剣と憶えておけばいいかな。

『ベルセルク』ガッツのドラゴン殺しは、幅広ではあるものの、全長7フィート（約213cm）と持てないほどの長さではない。彼は隻腕であるにも関わらず、もの凄い怪力で甲冑を着た人間の胴を真っ二つにするが、これは剣の切れ味も鋭くなければできない芸当である。

『**るろうに剣心**』相良左之介の、馬ごと武者を斬れるという斬馬刀も巨大である。これは応仁の乱の頃の骨董品だと紹介されていたが、他に類を見ない形状であるため、どこかの変人が作った一点物であろう。手入れを怠っていたせいか、明らかに強度で劣ると思われる逆刃刀で折られてしまったのは残念である。

『**ファイナルファンタジーⅦ**』クラウドが持つバスターソード(バスタードではない)もグレートソードといっていいだろう。クラウドは魔光とやらで改造されているせいか、自分の背丈ほどの大剣を片手で回転させることができるほどの怪力の持ち主である。

『**ONE PEACE**』ジュラキュール・ミホークの黒刀も規格外の大きさで、特に鍔が大きい。背負っているときは刀身が見えないため恐ろしいほど巨大に見えるが、実際には、鍔がなければ長巻といってもいいくらいの常識的な大きさである。

どっちつかず!?

バスタードソード

Bastard sword

→P14

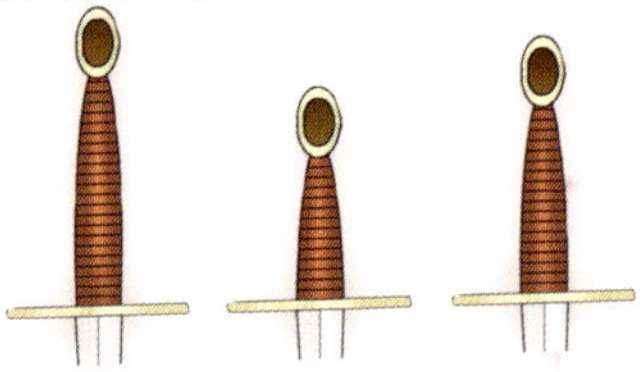

両手でも片手でも扱える剣は、両手剣でも片手剣でもなく、「片手半剣(one hand a half)」と呼ばれる。ただし、一般に片手半剣として名前の挙げられるものはバスタードソードのみであるから、「片手半剣＝バスタードソード」と憶えて差し支えなかろう。

“bastard”には「雑種、私生児」という意味があり、片手剣と両手剣の雑種であることからの命名というのが有力な説である。また、刺突に適したラテン系の剣と、斬撃に適したゲルマン系の剣の雑種という説もあるが、バスタードソードが片手半剣の代名詞とされている現状を鑑みるに、前者の説が妥当であろう。

片手半剣のうち、背中に背負うものをバスタードソードとする説もあるが、一般的には腰に吊っているイメージが強いと思われる。もともとは背負うものであったのかもしれぬが、運用方法は時代や地域によって変わるものである。

現代英語では“bastard”といえば軽い罵りの言葉ね。“Nasty bastard!(ムカつく野郎だ)”“Lucky bastard!(運のいい奴め)”などのように使われているわ。もちろんプロパーな表現じゃないから、知らない人に使っちゃダメよ。

“bastard”と“buster（破壊者）”は関係ないので混同せぬように。『**Bastard! 暗黒の破壊神**』の“bastard”は、ダーク・シュナイダーが「闇の生んだ私生児！」と呼ばれていることから、雑種ではなく私生児という意味で使われているようだ。

『**ドラゴンクエストⅦ**』では店で買える最高クラスの武器だが、特殊効果はなく、装備する期間も短いため、あまり印象に残らない武器であった。また、これを装備しても盾を持てるということは、アルスやキーファは常に片手で振るっているということであり、キーファが剣を背中に背負っているのは、まだ背が低いため、腰に吊るせないからであろう。

バスタードソードを片手で持てば、当然重く扱いづらい。そのため、片手剣が主流であった西洋においては一般的とはならなかった。しかしファンタジー世界においてはメジャーな剣であり、『**ロードス島戦記**』のパーンも父の形見のバスタードソードをデフォルトで装備している。両手剣は腰に吊るしては運べないため、パーンのように腰に吊るせるサイズの西洋剣を両手で握っていたなら、それはバスタードソードと考えて良い。

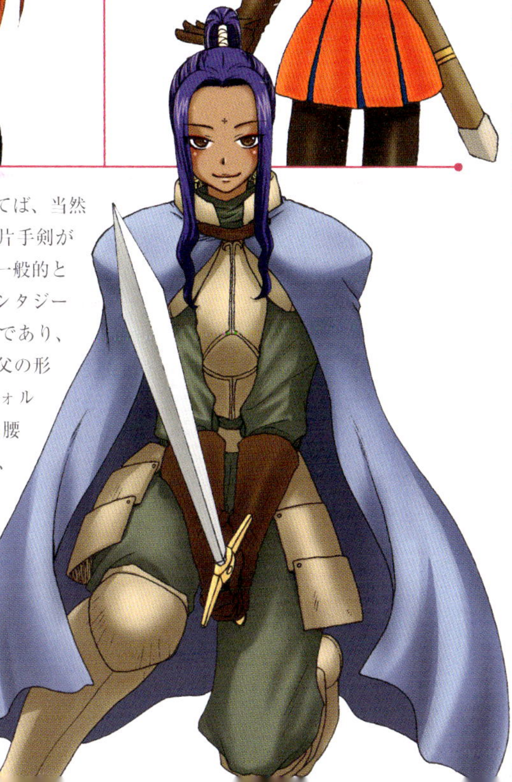

軽くて光る剣??

ライトソード(光剣)

Light sword

→P55

史上初の光剣は『**スターウォーズ**』のライトセーバーであろう。これはディアチウムパワーセルで発生したエネルギーをアガデンクリスタルに流すことにより発生する光エネルギーの剣である。ライトセーバーは誰にでも起動することはできるが、フォースを用いずに使いこなすことはほとんど不可能のようだ。

初めて光で刃を作ったのは、『**勇者ライディーン**』のエネルギーカッターだと思われる。ただしこれは、ゴッドブレイカーという実体剣を雷で覆ったハイブリッド剣であった。ハイブリッド剣としてはほかに『**宇宙刑事ギャバン**』のレーザーブレードが有名である。

『**ファイブスター物語**』では、騎士、モーターヘッド共に光剣《スパッド》を持つ者がいる。ちなみに、威力は光剣よりも実剣《スパイド》のほうが遥かに上だが、ほとんどの騎士は携帯に便利かつ身分証にもなる光剣を持ち歩いているようである。

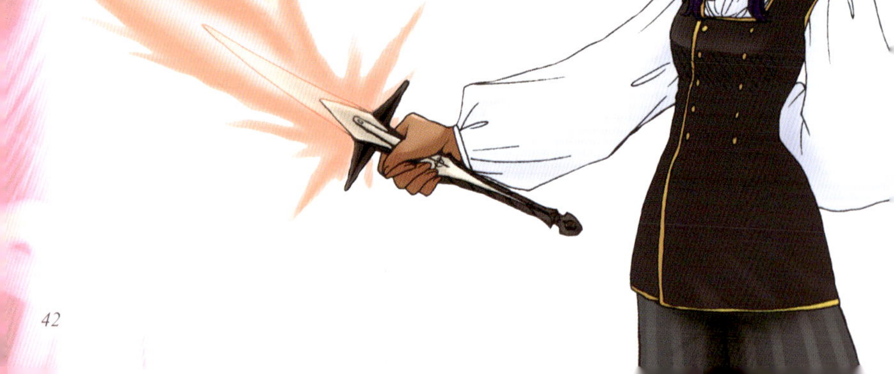

『スレイヤーズ』ガウリイ＝ガブリエフの所有する光の剣こと烈光の剣《ゴルン・ノヴァ》は、装備者の精神エネルギーを刃に変換する光剣である。一方、『ドラゴンクエストⅡ』(GB版)でサマルトリアの王子の最強装備である光の剣は、刀身が光輝いているだけで光剣ではない。

『超人ロック』の光の剣、『幽☆遊☆白書』桑原の次元刀、『BLACK CAT』クリードの幻想虎徹《イマジンブレード》なども一見すると光剣のようだが、そのブレードの発生する仕組みは、超能力や霊気、道《タオ》の力など、使用者の個人的な能力の発現によるものであり、単体の武器として存在することはできない。

『機動戦士ガンダム』の光剣(ビームサーベルなど)は、高エネルギー状態のミノフスキー粒子をＩフィールドで固定したものだとされる(異説あり)。光剣はその後のガンダム世界に漏れなく登場する基本武装だが、シリーズによって光刃を発生させるメカニズムは異なるようである。

中世暗黒時代の主役

バイキングソード

Viking sword

→P15

『**ヴィンランド・サガ**』では、アシェラッドなど多くの人物がバイキングソードを使用している。トルフィンは体が小さいためか2本の短剣で戦うが、その短剣も形状的にはバイキングソードである。

バイキングソードの刀身は錬鉄製(あまり硬くない)で、表面だけを焼き入れして鋼鉄化している(滲炭法による)から鋼鉄の層は薄いの。しかも力任せに叩き斬るように使うから、使い続けると表面の鋼鉄部分が割れてはがれ落ち、芯の錬鉄部分は曲がってしまうのよ。

『**北欧神話**』のグラムは、形状についての記述は少ないものの、神話の成立年代および地域からしてバイキングソードだと思われる(2mもあるそうだが)。この剣は一度はオーディンのグングニルによって折られてしまうが、再生した後にシグルドがファフニールを屠る際に活躍した。

騎士の剣

ロングソード

Long sword

→P13

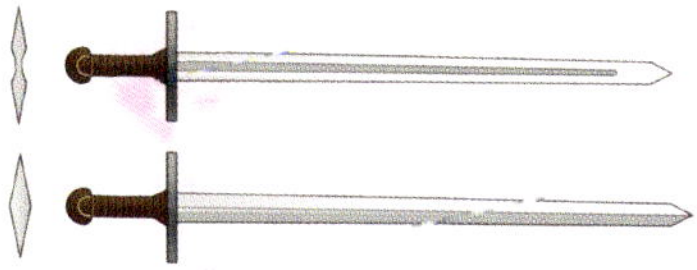

バイキングソードの長さを延長したものが、ロングソードの原型となったようだ。初期のものは材質の強度が低いため、剣身を厚く幅広に作らざるを得なかったが、後期のものは製鉄技術の向上により、細身で切っ先が鋭くなると同時に、軽量化のために施された樋も消失している。

広義では、中世から近世におけるヨーロッパの刀剣で長いものは、すべてロングソードとみなされ、グレートソード、バスタードソード、エストックなども含まれる。ただし、狭義では『**ナルニア国物語**』ピーターの剣のように、馬上で使う両刃の片手剣を指す。

歩兵の用いるものをショートソードとし、騎兵が用いるものをロングソードとする説もある。これは、歩兵が乱戦の中で振り回すには短いほうが有利であり、馬上から斬りつけるには長さが必要という、使用上の考え方によるものである。

突撃！　突貫!!

エストック

Estoc　→P18

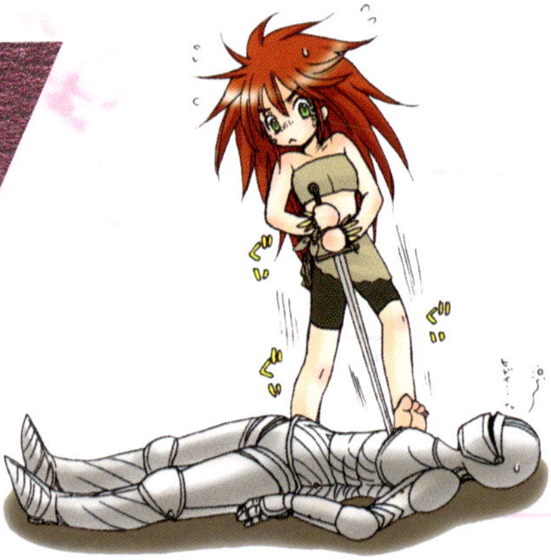

鎖帷子（チェインメイル）を貫通してダメージを与えることができる剣を「メイル・ピアシング・ソード（鎖帷子を貫く剣）」と呼ぶが、エストックはその代表格である。薄い板金鎧（プレートアーマー）を貫くこともできないではないが、剣身に負担がかかり過ぎるため、予備の剣がなければ止めるべきであろう。

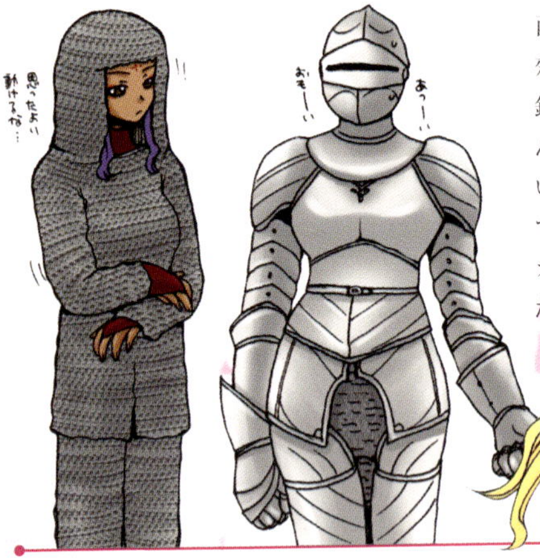

西欧では、板金鎧が登場するとあまり効果的な武器ではなくなり、さらには銃器の発達によって兵の軽装化が進んだため、存在意義がなくなり消えていった。一方、東欧では、17世紀になっても鎖帷子が現役であったため、ノッカーという名前で使用され続けていたようだ。

マタドールが闘牛に最後の止めを刺す剣もエストック（estoque）だ。これは細身の片手剣で、闘牛の延髄に突き立てられる。『**餓狼伝説シリーズ**』のローレンス・ブラッドは、我流マタドール殺法の使い手であるが、武器はエストックではなく、汎用性の高いサーベルを使用している。

針串刺しの刑

エペ

Épée

→P19

現代フェンシングには、エペ、フルーレ（フォイル）、サーブル（サーベル）と3種の競技があるの。私の得意なエペは、3種のうち一番重い剣を使って750g以上の強さで突きを決めれば得点になる競技よ。もともとの決闘に近い形の競技で、爪先から頭まで、どの部分を突いても得点になるわ。

エペは戦場で使用する武器ではなく、貴族たちが諍いを解決する手段である決闘で用いた剣だ。決闘では相手を死に至らしめることもあったが、時代が下るにつれ相手に血を流させれば勝ちというような穏やかなものとなった。こうした決闘での剣さばきは、現在のフェンシングにも受け継がれている。

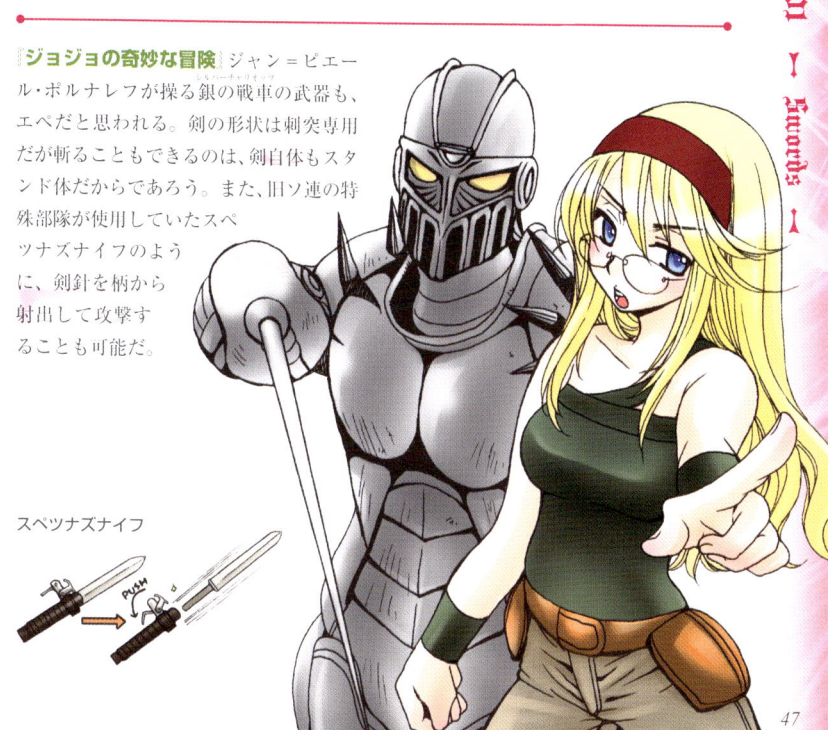

『ジョジョの奇妙な冒険』ジャン＝ピエール・ポルナレフが操る銀の戦車《シルバーチャリオッツ》の武器も、エペだと思われる。剣の形状は刺突専用だが斬ることもできるのは、剣自体もスタンド体だからであろう。また、旧ソ連の特殊部隊が使用していたスペツナズナイフのように、剣針を柄から射出して攻撃することも可能だ。

スペツナズナイフ

銃の時代の剣

レイピア

Rapier

→P18

『**ロミオとジュリエット**』は14世紀のイタリアを舞台とするが、ロミオが町中でティボルトを殺害するのに使用したのは(当時はまだ存在しなかった)レイピアである。シェイクスピアの時代(1564～1616年)はレイピアの全盛期であり、貴族は決闘用にレイピアを携帯していたことから、大衆に馴染みのある剣を使わせたのであろう。

16世紀になると銃器が普及して騎士の軽装化が進み、軽く扱いやすいレイピアが大流行したの。でも、17世紀末になると、戦争にはより頑丈なブロードソードやサーベル、日常持ち歩くにはより軽量なエペやスモールソードというように、分化が進んで使われなくなったわ。

『**アニメ三銃士**』の舞台である17世紀のフランスでは、銃士とはマスケット銃とレイピアを装備した国王直属の軽騎兵であった。身軽なため機動力に優れ、離れては銃で狙い、近づいてはレイピアを抜いて戦うという、当時の最先端を行く精鋭部隊である。

『怪傑ゾロ』は18世紀のカリフォルニアが舞台だが、彼は家屋に忍び込んでゲリラ的に戦うことが多いため、派手な音のする銃ではなく、レイピアを愛用していた。また、自分が現れた印として壁にZの文字を残したり、カーテンを裂いて逃げるためにも、やはりレイピアでなくてはならなかったのであろう。

ファンタジー世界ではバスタードソードと並んで人気の高い武器であり、**『ロードス島戦記』**のディードリッドのように華奢な者が好んで使う。もし、レイピアでバスタードソードや斧を相手に戦わねばならぬ場合は、突きを主体に手数で相手を押しまくり、打ち払いで折られてしまわぬよう気をつけねばならない。

『SAMURAI SPIRITS』のシャルロット・クリスティーヌ・ド・コルデが使用する武器もレイピアである。彼女は、直径30cm以上の石柱を振り回す王虎と鍔迫り合いをし、体重600kg以上のアースクエイクを両断するが、これはコルデ家の宝剣であるラロッシュの力によるところが大きいと思われる。

近代以降の標準軍刀

サーベル

Sabre,Saber

→P16

インドの狂虎ことタイガー・ジェット・シンの武器といえば、もちろんサーベルである。ターバンを巻きサーベルを口にくわえる姿は妖しくも美しい。彼のサーベルの使い方は一風変わっており、刀身ではなく、主に柄を使って相手を攻撃する。相手を殺さずに屈服させる、彼一流の活人剣である。

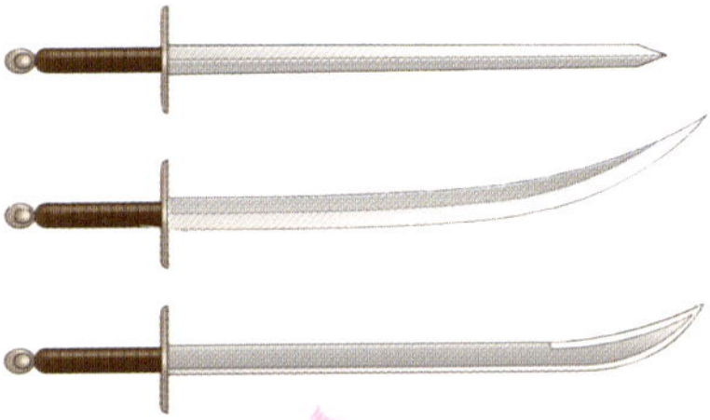

元来は騎兵用の武器であり、刀身の形状は大きく分けて、突進力を活かしてランスのように突く直刀タイプと、走り抜けながら斬りつけるのに有効な曲刀タイプがある。だが最も多いのは、突くにも斬るにも有効な半曲刀(根元は直刀だが先端付近が湾曲している)タイプであり、先端付近のみ両刃の擬似刃《フォルスエッジ》も多い。

『**宇宙海賊キャプテンハーロック**』が使用する銃剣は重力サーベルと呼ばれるが、重力とサーベルがどのように関わっているのか不明である。これはエメラルダスやメーテルも使用しており、エメラルダスの顔の傷は雑魚に重力サーベルで斬りつけられたものである。

レイピアに比べれば幅広い
ブロードソード
Broad sword →P18

弓形護拳　半球護拳　籠形護拳　大型の鍔

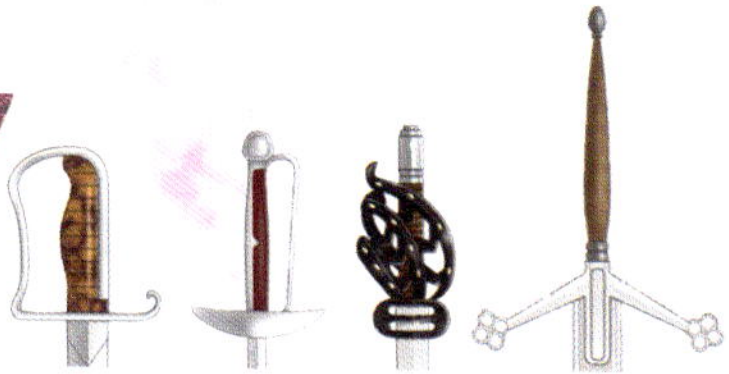

狭義では、17世紀以降の護拳を備えた両刃の片手剣、スキアヴォーナ、カッツバルゲル、ワルーンソードなどをブロードソードと呼ぶ。銃器全盛の時代にしては剣身が幅広く、段平と和訳されることもある。ちなみに、段平とは太平広の略であり、本来は幅の広い太刀を指す。

軽装化が進み、籠手が廃れた時代の剣であるブロードソードには、護拳が発達しているものが多い。護拳には、スキアヴォーナのように籠状で拳全体を覆う籠形護拳(バスケットヒルト)、サーベルのように鍔から柄頭にかけてバーのある弓形護拳(ナックルボウ)、エペのように鍔自体がお椀形をした半球護拳(カップガード)などがある。また、クレイモアのような大型の鍔も護拳の一種である。

> ブロードソードは斬撃が得意な剣だけど、ほとんど直剣よ。19世紀のナポレオンの時代には騎兵の武器としても活躍していたわ。

広義では、細身の剣(レイピアやエペなど)に対する言葉として、幅広の剣の総称として使われることもある。その場合は、片刃のサーベルやバイキングソードのような中世の剣、さらには中国の青龍刀までブロードソードに含まれる。

断ち斬り剣

ファルシオン

Falchion

→P22

14世紀のイギリス・ダラムの田舎町で暴れ回ったドラゴン(サックバーン・ワーム)を倒したのは、ファルシオンを持ったジョン・コンヤーズ卿であった。彼が使ったファルシオンは今でもダラム大聖堂の宝物庫に保管されているが、このようにドラゴンを屠った武器はドラゴンスレイヤーと呼ばれる。

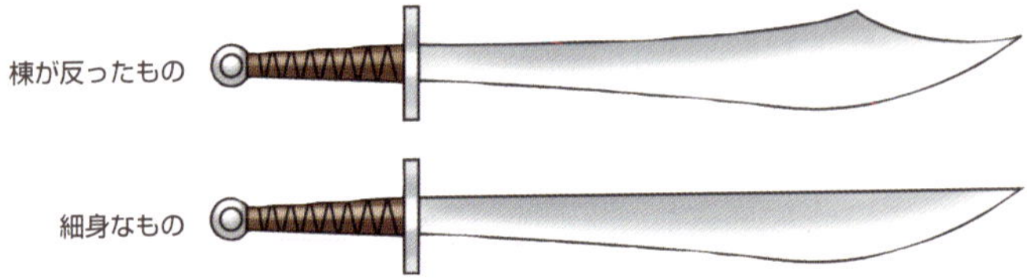

典型的なものは棟がまっすぐであるが、反りを持ったものもある。刀身についてはやや短く幅広いのが特徴だが、かなり細長いものも存在する。いずれにせよ鉈のような形状であるのは変わらず、こうした形状はスクラマサクスのような北欧の刀剣から受け継いでいるようだ。

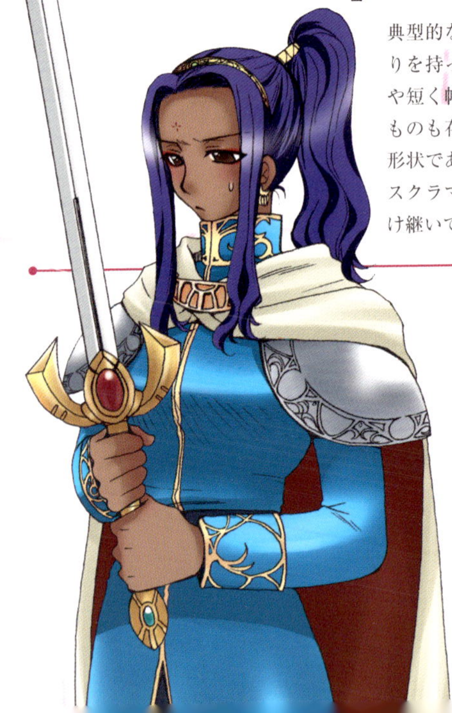

『ファイアーエムブレム 暗黒竜と光の剣』において、マルスが地竜王メディウスを倒すのに使用した神剣はファルシオンという銘だ。ただし形状的には両刃の片手半剣であり、どう見てもバスタードソードである。

剣奴はつらいよ
グラディウス
Gladius

→P12

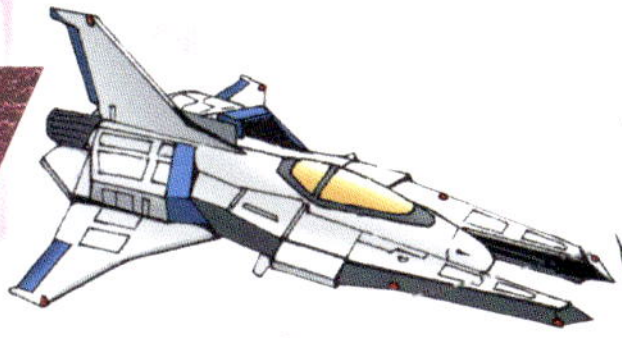

"gladius"とはラテン語で剣を意味する。植物のグラジオラスは葉が剣状であることからの命名であるが、『**グラディウス**』については綴りが"GRADIUS"であり、惑星の名前とされることから、剣とは関係がないと思われる。

『**スパルタカス**』は紀元前1世紀のローマ帝国が舞台である。スパルタカスは剣闘士としてグラディウスで剣術の稽古をさせられた後、長柄武器のトライデントと投網を使う黒人ドラバと戦わされるが、嫌々戦っていたとはいえ、その試合内容はぬるい。

『**グラディエーター**』は2世紀のローマ帝国を舞台とする。グラディエーター（剣闘士）とは観客の娯楽のために戦わされる奴隷身分の戦士で、剣奴とも称される。剣闘士であるマキシマスは、グラディスを使って人間だけでなくトラをも殺しているが、グラディスのようなリーチの短い武器でトラを屠るのは至難の業である。

海の男の必需品

カットラス

Cutlass

→P22

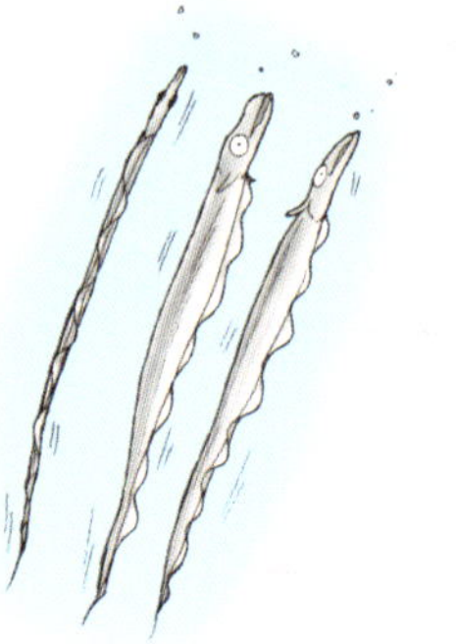

タチウオ（太刀魚）の英名は“cutlassfish”という。形状的にはむしろサーベルに近いが、あえてカットラスの名がつけられたことからも、船乗りの剣としてカットラスが一般的であったことが窺われる。

海賊が使う武器の代表であり、『**パイレーツ・オブ・カリビアン**』ではジャック・スパロウ船長も使用していた。『**呪われた海賊たち**』では刀身が細長く、むしろサーベルのようであったが、『**デッドマンズ・チェスト**』ではかなり短くなりカットラスらしさを増している。

もともとはサーベルの仕様の一つであったが、海軍に採用され、太く短くなっていった。揺れる船上では短いほうが扱いやすく、また海上では補充がきかないため打ち込みに強い幅広で肉厚の刃となったのであろう。一方、歩兵や猟師によって使われたものはハンガーと呼ばれ、形状はほぼ同じだが刀身が長めである。

中東の曲刀はよく斬れる

シャムシール

Shamshir

→P23

インドから北アフリカにかけて、シャムシール以外にも似たような細身の曲刀がいくつかある。タルワール(インド)、ニムチャ(モロッコ)、プルワー(アフガニスタン)、キリジ(トルコ)などがそうだが、英語ではこうした曲刀はすべてシミターと呼ぶ。

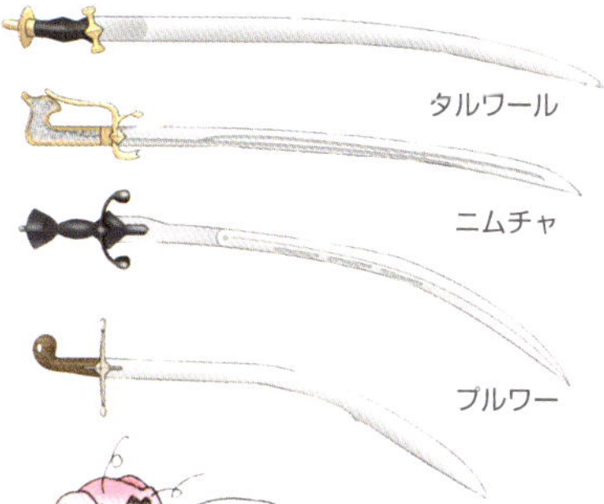

『**エイリアンvsプレデター**』ではプレデターの一戦士が、両腕の籠手からシミターブレードを伸ばすが活躍できなかったり、『**レイダース/失われた聖櫃**』では匂体をつけて現れたエジプト人が、シミターを構えるとあっさりインディにやられたりと、シミターは雑魚の武器という印象が強い。

『**ドラゴンクエストⅧ**』にはククールの装備できる最高クラスの剣として、ライトシャムシールが存在する。これは青い光の刃を持つ曲刀のような形状で、非戦闘時には柄のみを短剣サイズの鞘に収納する。つまり、“light”は「光」を意味しているのだが、錬金するまでは単に「軽い」シャムシールだと思っていたプレイヤーは多いのではなかろうか。

それ、避けらんねーよ

ショーテル

Shotel

→P28

『**仮面ライダーカブト**』で仮面ライダーガタックが使用するガタックダブルカリバーや、『**機動戦士ガンダム**』のザクレロの鎌を見て、ショーテルを基にしたデザインだと主張する輩も一部におるが、それは考え過ぎではないだろうか。

両刃で切れ味が鋭いため、内側だけでなく、外側で撫で斬ることもできる。また、相手にとって受け流すのは難しいが、使用者にとっても扱いは難しく、刃渡りが長いわりにリーチが短い、刀身の強度が低いため打ち払いに向かないなど、守勢に回るとかなり厳しい。また、鞘を作れないので運搬に不便という欠点もある。

『**新機動戦記ガンダムW**』ガンダムサンドロックは、2本のヒートショーテルを装備している。これは撫で斬るのではなく、重量と熱で溶断する武器である。サンドロックカスタムではこのヒートショーテルが巨大になり、2本同時に構える姿は勇ましくも滑稽である。

デブジューではなく……

テブテジュ

Tebtje

→P29

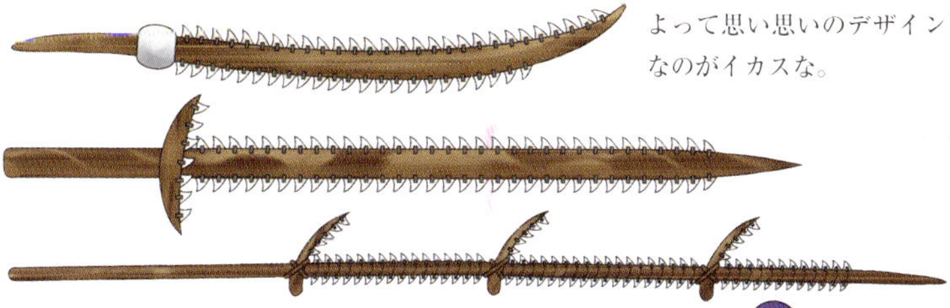

片手剣タイプのものが多いが、鍔のあるもの、反りの大きいもの、両手剣タイプ、ランスタイプなど、製作者によって思い思いのデザインなのがイカスな。

NARUTO-ナルト- 干柿鬼鮫の持つ大刀・鮫肌は、テブテジュがモデルであろう。サメの肌というよりは歯が無数に生えたようなささくれ立った刀身で、斬るのではなく削るようにしてダメージを与える。運搬時に自らを傷つけないよう、普段は布を巻いて肩に担いでいるようだ。

ONE PIECE 魚人アーロンのキリバチは、片刃のテブテジュであろう。よく見ると刀身に6つの大きな刃(魚人の歯?)を結わえつけてあり、柄は日本刀ライクな両手剣仕様である。ちなみに、テブテジュの故郷キリバス(Kiribati)は、かつてキリバチと呼ばれることもあった。

日本にもあった両刃の剣

剣

Tsurugi

→P52

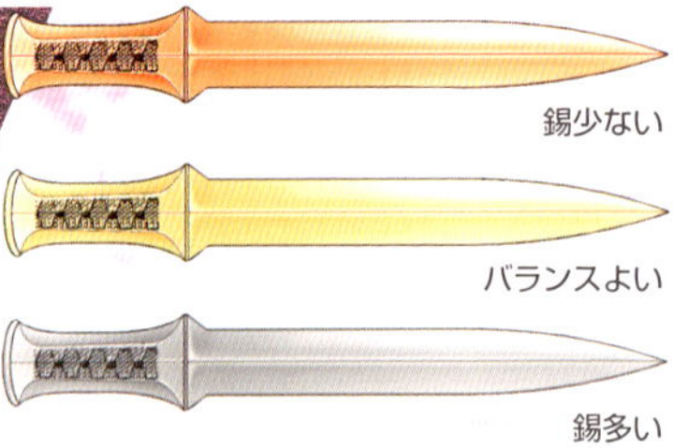

日本初の金属製の剣は青銅剣である。純粋な銅で剣を作っても、軟らか過ぎて容易に曲がってしまい、役には立たない。そのため、通常は銅剣というと青銅剣を指す。青銅とは銅と錫の合金であり、錆びると青緑色になるが、本来は錫の含有量によって色を変える美しい金属だ。錫の含有量が少ないと軟らかく粘りがあり、多いと硬いがもろくなる。武器として最もバランスの良いとされるのは銅9：錫1の割合で、そのときの色は黄金色である。

中国では両刃のものは剣、片刃のものは刀とはっきり分けられているけど、日本ではわりとあいまいね。日本では剣と刀が共存した時代が短いから、使い分けをする必要がなかったのかもしれないわね。

4世紀に百済から贈られたとされる七支刀は、左右に3本ずつ枝分かれした刀身のある風変わりな剣であり、奈良県の石上神宮に祀られている。これは祭祀用の剣であり、実際に戦闘に使われた形跡はない。『風魔の小次郎』カオスの涅槃が持つ雷光剣は、6本の牙に雷神を封じた聖剣だが、明らかに七支刀をモデルとしている。

七支刀

『シャーマンキング』麻倉葉のフツノミタマノツルギも剣である。石製で大きさは短剣サイズだが、これはオーバーソウルさせて使うため強度やリーチの問題はなかろう。ちなみに、茨城県の鹿島神宮に伝わる布都御魂剣《ふつのみたまのつるぎ》は全長2.71mもある片刃の直刀で、こちらは野太刀と呼ぶべきものである。

十拳剣《とつかのつるぎ》はスサノオがヤマタノオロチを屠るときに使ったことで有名な剣だが、十拳とは握り拳10個分の長さという意味であり、単に長い剣を指す一般名称のようだ。ちなみに、イザナギが生れたばかりの息子であるカグツチを斬ったのも十拳剣であり、十握剣、十束剣、十掬剣とも表記する。また、死んだヤマタノオロチの尾から現れた剣が天叢雲剣《あまのむらくものつるぎ》(草薙剣《くさなぎのつるぎ》)であり、天皇家に伝わる三種の神器の一つとされる。これは熱田神宮の御神体とされるが、皇位継承時すら持ち出されない。実物が肉眼視されたのは江戸時代まで遡るらしく、盗み見た神官は祟りで死んだと伝えられている。

刃は下でお願いします

太刀

Tachi

→P52

小烏丸《こがらすまる》は神の化身である八咫烏《やたがらす》によってもたらされた宝刀である。鋒両刃造《きっさきもろはづくり》と呼ばれる切っ先から半分ほどが両刃になった珍しい形状であり、毛抜形太刀《けぬきがたのたち》のような腰反りであることから、太刀への過渡期に作られたことを匂わせる。

環頭大刀

毛抜形太刀

太刀

環頭大刀《かんとうのたち》などの大刀は太刀のプロトタイプと考えられる。大刀は中国式に盾を持って戦うため片手剣であり、反りのない直刀であった。それが、平将門の所有していた毛抜形太刀のように腰反り（刀身のつけ根で大きく反る）で柄と刀身が一体形成のものを経て、太刀が生まれたのである。

戦国時代が舞台である『どろろ』醍醐景光の佩刀は太刀だが、この時期は太刀から打刀に移り変わった時期である。また、百鬼丸は太刀と同じく刀の刃を下にして腰に差しているが、これは天神差しといい、当時は打刀もこのように差していた。百鬼丸の刀は鞘を見る限り、打刀である。

日本のカットラス

倭刀

Watoh

→P31

倭寇が中国の沿岸地域などを襲う際に、主要な武器として使用したのは太刀であり、これは倭人(日本人)の使う刀ということで、倭刀と呼ばれることになる。倭寇というのは、14世紀に現れた日本人を中心とした海賊団であったが、後には中国人が多数を占めるようになり、中国製の倭刀も増えていった。

倭寇や秀吉の朝鮮出兵などを通して日本刀の威力を知った朝鮮半島でも、日本刀を輸入して外装のみを作り変えたり、日本刀を模倣した倭刀が作られるようになったわ。でも、現在の韓国では倭刀を韓国刀と呼んで、日本刀の技術は朝鮮半島から略奪したものであり、韓国刀こそがオリジナルだって主張する人たちがいるのはどうしてかしら。

17世紀には中国人の手によって、倭刀を使った武術書『**単刀法選**』が著されている。『**るろうに剣心**』雪代縁はこれを独自解釈し、中国製の長大な倭刀を使ったオリジナルの倭刀術を完成させたようだ。ちなみに中国では、17世紀に倭刀が軍隊の制式装備として採用されている。

武士の魂

打刀

Uchigatana

→P33

日本は良質の砂鉄が取れたことから、たたら吹き(砂鉄と木炭の層を交互に積み重ねて鋼を作る手法)という独自の技法が発達し、西洋よりも早い時期に鋼鉄を得ることができた。ちなみに、たたらとは火に風を送って火力を上げるのに使われる足踏み鞴《ふいご》のことであり、『もののけ姫』ではアシタカも踏んでいる。

日本刀は、芯となる心鉄に軟らかい鋼鉄を、外側を覆う皮鉄に硬い鋼鉄を使って、折れにくさと切れ味の鋭さを両立させているの。鋼鉄とは鉄と炭素の合金で、炭素の量が多いと硬くてもろくなり、少ないと軟らかく粘りが出るわ。

刀匠が刀を叩くのは、硫黄などの不純物を取り除くと同時に、鋼から余分な炭素を追い出して最適な含有量にするためである。また、仕上げに焼けた刀身を水で冷やすが、これは焼き入れと呼ばれる作業であり、この結果、炭素分子により鉄分子が歪められ、硬い刃が作られるのだ。

日本刀には研ぎを専門にした研師がおり、刀鍛冶が兼ねることもあるが、通常は独立した職である。新たに刀を作るときだけでなく、刃こぼれや錆が出たときにも研師に依頼するのは、切れ味を重視する刃物であるが所以である。ちなみに、西洋の剣は小型の砥石で刃を撫でるようにこすって汚れや錆を取るのみで、研ぐのに水は使わない。

1970年11月、市ヶ谷の現・防衛省で三島由紀夫が割腹する際に使われたのも打刀だ。腹を切ったのは海軍式の短刀だが、介錯に使われたのは関の孫六兼元(ただし有名な二代目兼元ではなく凡刀)である。三島は腸が飛び出るほど深く真一文字に切ったため、痙攣と硬直により、うまく介錯されなかったと伝わっている。

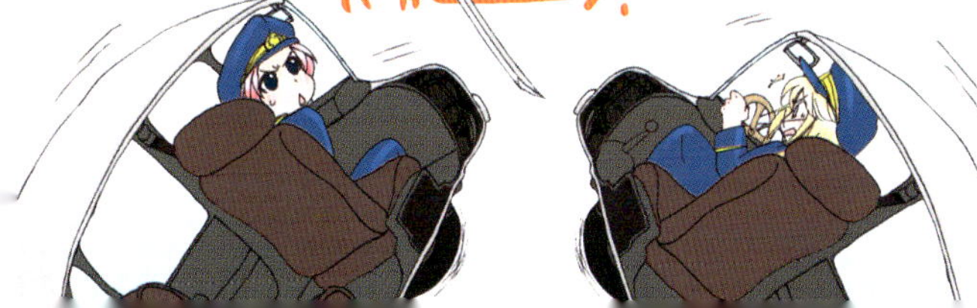

『ルパン三世』石川五ェ門の愛刀は斬鉄剣とう銘だ。虎徹、義兼、正宗という3名工の刀を溶かして鍛え直したものだが(異説あり)、一旦溶解したものは鉄塊に過ぎず、純度は高いだろうが、一から作るのとほぼ変わらない。また、斬鉄剣は白鞘に収まっているが、白鞘は状態良く保存するためのもので、強度が低い上に抜きにくく、居合いなどできるものではない。

和製中国語

青龍刀（中国刀）

Seiryutoh

→P30

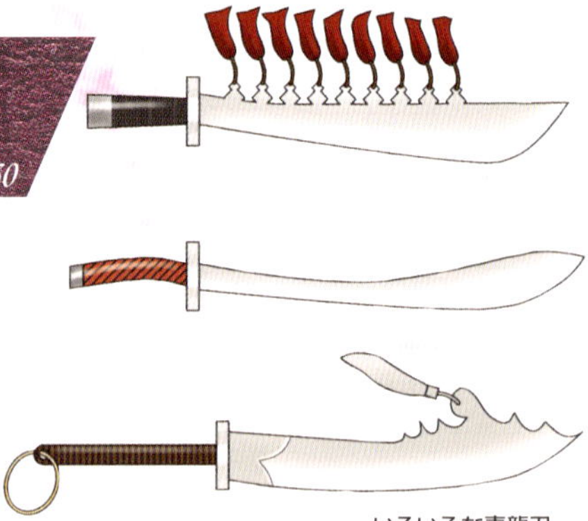

いろいろな青龍刀

中国で青龍刀といった場合は青龍偃月刀を指し、これは関羽雲長の名とともに日本でも古くから知られている。中国刀を青龍刀と呼ぶようになったのは恐らく江戸末期のことであり、幅の広い中国刀と有名な青龍偃月刀のイメージを重ね合わせたことによるようだ。

『機甲戦記ドラグナー』に登場する「ギガノスの汚物」ことグン・ジェム隊。その隊長であるグン・ジェム大佐の特注武器が青竜刀（青龍刀）である。彼の駆るゲイザムおよびギルガザムネは、強化金属製青竜刀を装備し、ドラグナーたちをくどいほど苦しめた。

『一騎当千』呂蒙子明がゴスロリ服姿で握っているのも青龍刀の一種であろう。柄が長いため両手で持つ朴刀（双手帯）タイプのようにも見受けられる。彼女は手首と刀身を手錠で結びつけているが、これは敵に武器を奪われぬよう鉄パイプと手をビニールテープで固定するのにも似た賢い方法だ。

第2章 短剣

Daggers

Daggers編
次は短剣だが
サニア、短剣とは何か説明してみろ
はい
短剣(短刀)とは全長の短い刀剣です
おうりゃー!!
ガスッ!
刃渡りが短いため刺突専用が多いようです
うむ
明確な定義はないが平均50cm以下の刀剣を短剣と呼ぶようだな
このあたりが境界例です
カットラス 50 ~ 70cm
脇差 40 ~ 60cm
シャマダハル 30 ~ 70cm
ククリ 40 ~ 50cm

短剣は小型のため
携行に便利なのが
特徴で
ヒー
折れたー!!
早く早く
かわりの剣ー!!
ぽっきり
サブウェポンや
隠し武器として使われます
きら!!
ぺらっ
短剣の長所は
小さい事アル
ぺこり
アルねー
その分リーチが短いので
攻撃間合いまで近づくのが
困難です
戦車に
豆鉄砲持って
突っ込んでくよな
モーアルよー!!!
ヒイイイー!!
こっちから
行くぞー
おしおし
どうした
かかってこらかー
軽いから威力も
低いね
また
ククリやサクスなど
片刃の短刀は
ナイフともいいます
ナイフは
日用品としても
使われるわね
しょり
しょり
はい
大佐♡
ちょーん
うむ
それでは
短剣を
見ていく
やっぱり
女の子は
イイな....
もぐ
はあーい
わーい!
おやつ
おやつー♡

アキナケス Acinaces

全長30 ～ 65cm　重量0.2 ～ 0.6kg　ヨーロッパ（紀元前10 ～紀元1世紀）

斬撃にも使える剣に近い短剣。形はいろいろあるが、柄と剣身が一体化しており、柄頭がアンテナのように左右に張り出しているものが典型的なタイプ。もともとはスキタイ人の短剣だが、後にギリシアにも広まった。

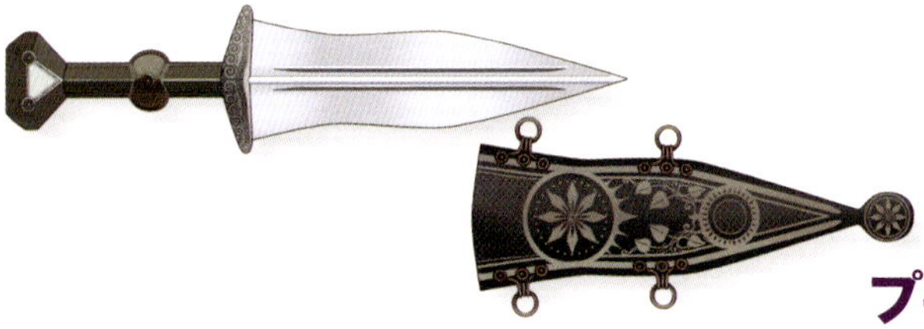

プギオ Pugio

全長18 ～ 30cm　重量0.1 ～ 0.2kg　古代ローマ（紀元前1 ～紀元5世紀）

ローマ軍兵士の剣であるグラディウスに対し、サブウェポンとして用いられた短剣。剣身の幅が広く、途中でくびれているのが特徴。小型で軽量のため携行性が高く、ブルータスらによるカエサルの暗殺にも使われたとされる。

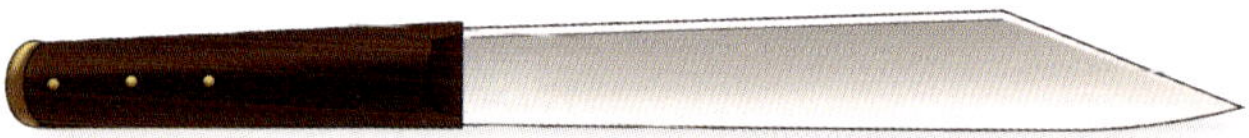

サクス Sax

全長30 ～ 40cm　重量0.3 ～ 0.4kg　ヨーロッパ（紀元前5 ～紀元10世紀）

ドイツを起源とするサクソン人（Saxon）固有の短刀であり、部族名の由来にもなっている。長剣と共に携帯する予備の武器、あるいは日用品として使われ、戦士の墓から副葬品として出土することもある。

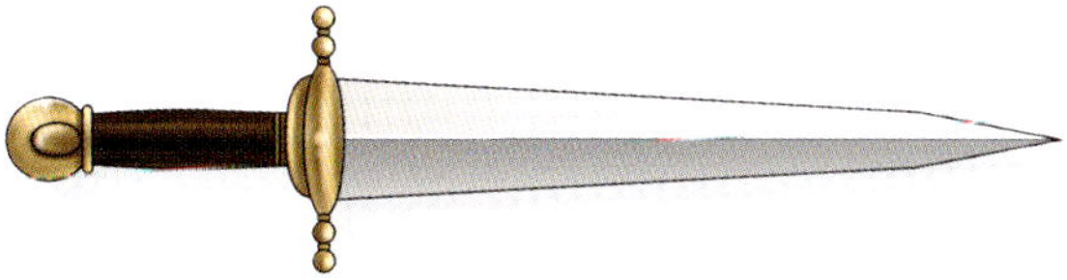

ダガー Dagger

全長25～35cm　重量0.2～0.3kg　ヨーロッパ(11～20世紀)

剣をそのまま短くしたような刺突用の短剣。一般に短剣の総称として用いられることが多いが、ダガーの語源は“dacaensis(ダキア人の)”であり、ルーマニア人の祖先といわれるダキア人によって使われはじめたものが狭義のダガーである。

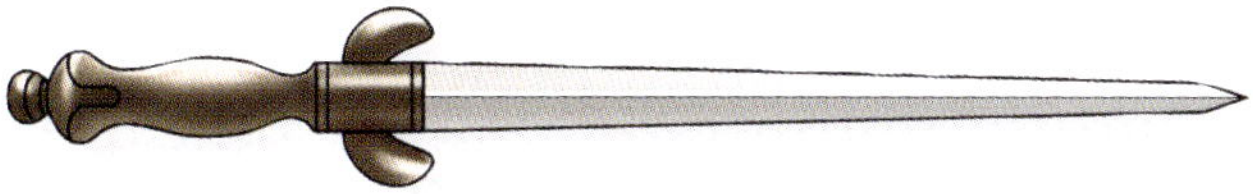

キドニーダガー →p.78 Kidney dagger

全長20～35cm　重量0.3～0.6kg　ヨーロッパ(13～18世紀)

一般的な刺突用の短剣。サブウェポンとして携帯し、倒れた相手に止めを刺すときなどに使う。柄のつけ根にある腎臓(キドニー)形の飾りが特徴で、これは深く突き刺さった剣を引き抜く取っ手として役立つ。

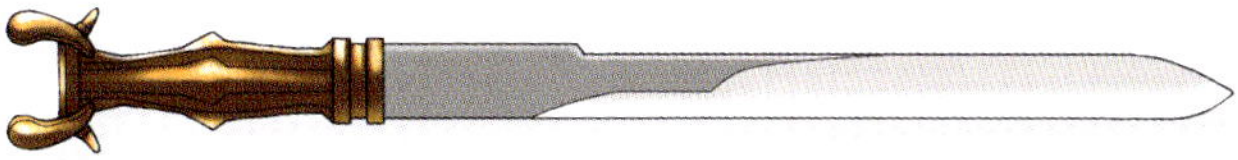

イヤーダガー Ear dagger

全長20～30cm　重量0.2～0.4kg　ヨーロッパ(14世紀)

柄頭にある耳(イヤー)のような飾りが特徴。逆手に握ってこの飾りに指を掛けることにより、突き刺す際に力を込めることができる。基本的に両刃であるが、剣身の根元部分のみ片刃になっているものも少なくない。

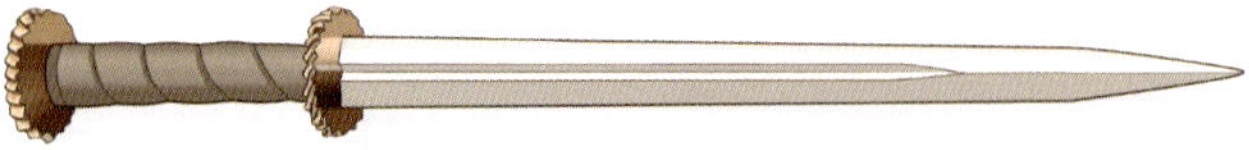

ロンデルダガー Rondel dagger

全長35 ～ 50cm　重量0.25 ～ 0.45kg　ヨーロッパ（14 ～ 16世紀）

鍔と柄頭が円盤状（ロンデル）になったシンプルな短剣。円盤状といっても、コインのように薄いものから、シイタケのように傘状に盛り上がるものまで、バリエーションはいろいろある。基本的には貴族のサブウェポンだが、民間人の護身用にも用いられた。

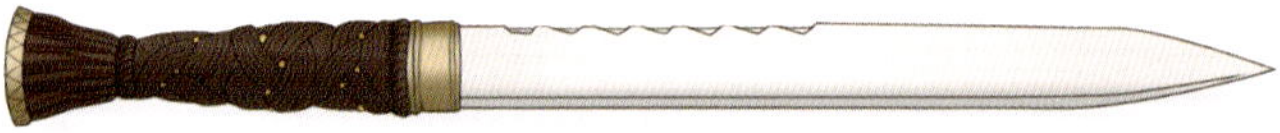

ダーク Dirk

全長15 ～ 45cm　重量0.25 ～ 0.6kg　スコットランド（16世紀～現在）

スコットランドのハイランダーたちが用いた短剣。戦闘時だけでなく平時も携帯され、現在も伝統的なスコットランド人は身に付けている。刃の根本がのこぎり状になっているものや、柄に編み紐模様が施されているものが多い。

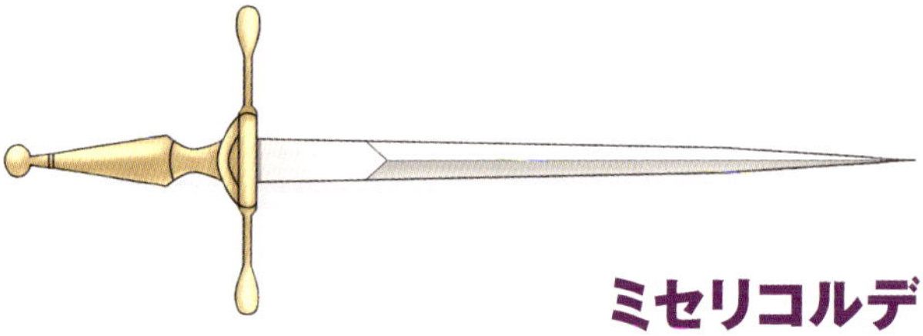

ミセリコルデ Misericorde

全長25 ～ 35cm　重量0.2 ～ 0.3kg　ヨーロッパ（14 ～ 15世紀）

細身で長い短剣。戦場で助かる見込みのない兵士に止めを刺すのに使われたことから、フランス語で“misericorde（慈悲）”と名づけられた。形状的に刺突専用であり、鎧の隙間をから刃を突き入れる。

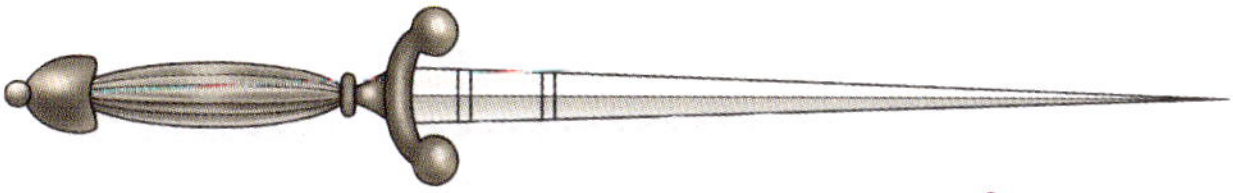

ポニャード Poniard

全長25～35cm　重量0.2～0.3kg　ヨーロッパ(16～19世紀)

細長い剣身を持ち、至近距離での刺突に使われる。また、レイピアを利き手に、ポニャードを反対側の手に持って戦い、敵の攻撃を打ち払うのにも使われた。名前の由来はフランス語の“poignard(短剣)”から。

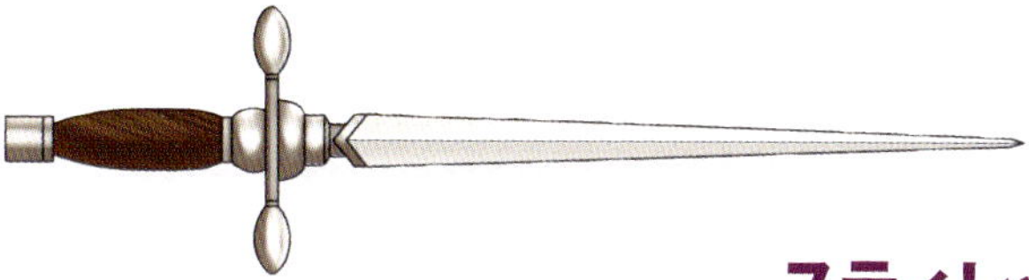

スティレット Stiletto

全長20～30cm　重量0.2～0.3kg　ヨーロッパ(16～19世紀)

スティレットは鎖帷子(チェインメイル)を刺し貫く短剣であり、鎧通し(メイルブレイカー)の代表格である。細長い錐状をした刺突専用の剣で、剣身の断面は三角形や四角形、円形をしており、刃は付いていないものも多い。

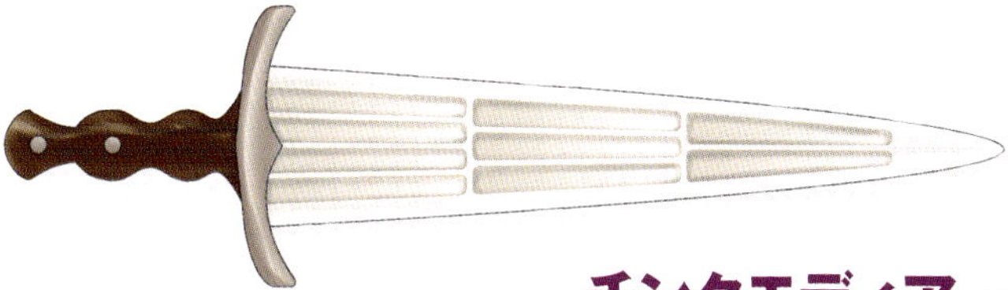

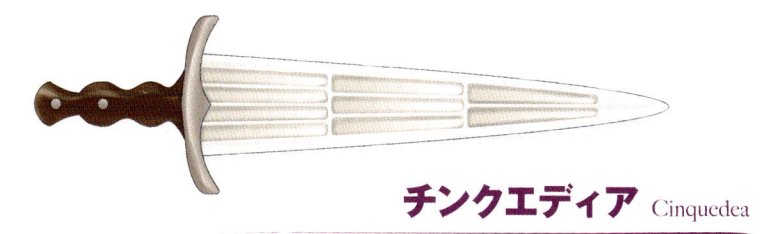

チンクエディア Cinquedea

全長40～60cm　重量0.6～1.2kg　ヨーロッパ(13～15世紀)

チンクエディアとはイタリア語の“cinque dita (5本の指)”に由来し、剣身が5本の指を合わせたような形をしていることによる。実用品としては使いづらいが、装飾が施されたものが多く、美術品としての価値は高い。

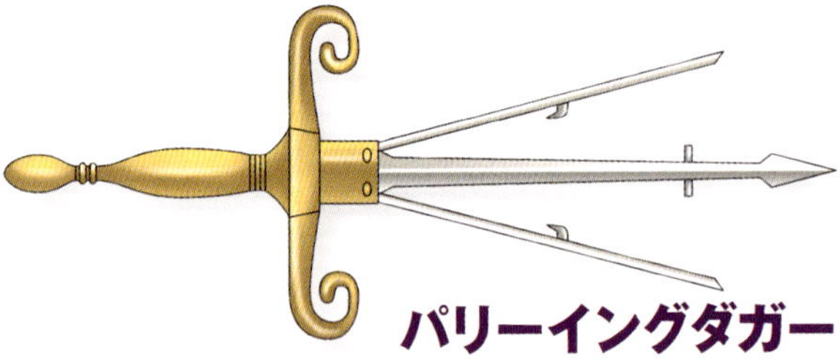

パリーイングダガー Parrying dagger

全長30～40cm　重量0.3～0.4kg　ヨーロッパ（15～18世紀）

パリーイング（受け流し）の名の通り、レイピアと反対の手に持って戦い、相手の剣を受け流すのに使われる防御用短剣の総称。図のものは、普段は1本の剣身だが、戦闘時には三叉に開くことができ、相手の剣を絡め取るタイプ。

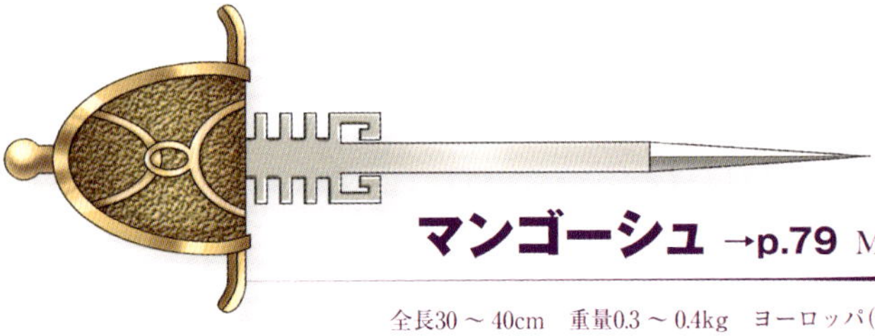

マンゴーシュ →p.79 Main gauche

全長30～40cm　重量0.3～0.4kg　ヨーロッパ（15～18世紀）

相手の剣を打ち払うパリーイングダガーの一種。利き手でない方（通常は左手）に持つため、フランス語の“main gauche（左手）”を語源とする。英語では“left-hand dagger（左手短剣）”ともいう。マインゴーシュとも表記される。

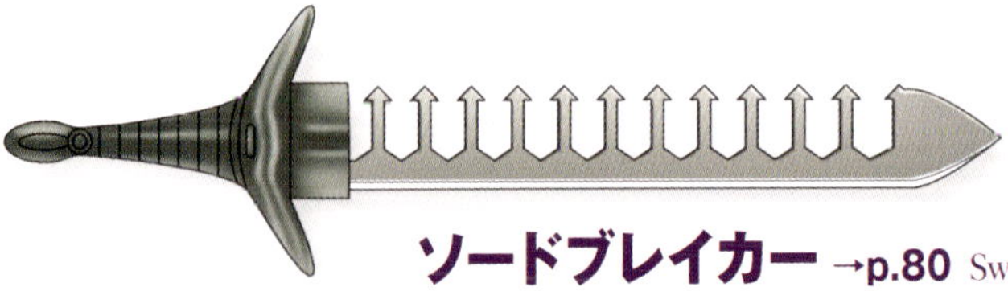

ソードブレイカー →p.80 Sword breaker

全長25～35cm　重量0.3～0.5kg　ヨーロッパ（17～18世紀）

パリーイングダガーの一種だが、こちらは相手の剣を使用不能にするという積極的な姿勢が見られるため、“sword breaker（剣を破壊するもの）”と呼ばれる。剣身に細い溝が複数あり、相手の剣を引っ掛けるタイプのものが有名。

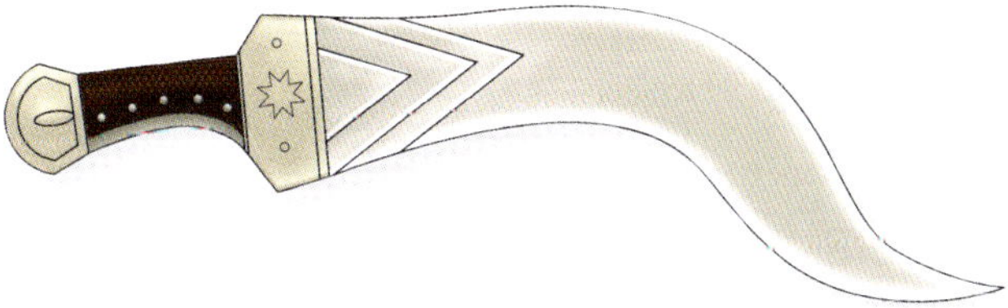

クファンジャル Khanjar

全長30～40cm　重量0.3～0.4kg　中東（12～19世紀）

オマーンの伝統的な短剣であり、国旗にも描かれている。S字形に湾曲した太い剣身が特徴で、切れ味は非常に鋭い。鞘や柄には細工が施されたものが多く、近代のものは装飾品として扱われている。

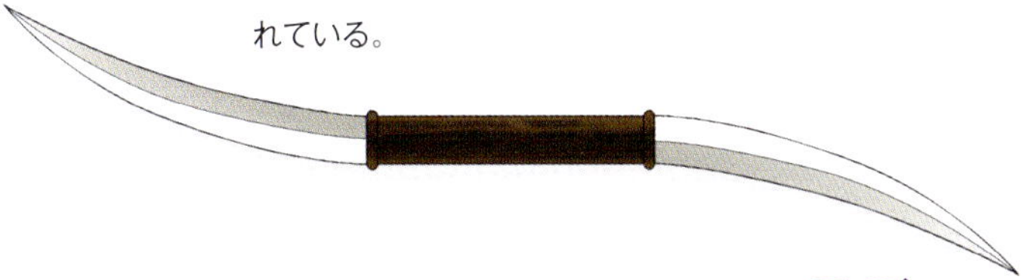

ハラディ Haladie

全長25～50cm　重量0.2～0.5kg　インド～中東（15～18世紀）

柄の両端にS字形の刀身を持つ片刃の短刀。それぞれの刀身は反対方向に湾曲しており、刀身には彫刻が刻まれているものが多い。もともとはインドで作られた短剣だが、後にイスラム世界に広まった。

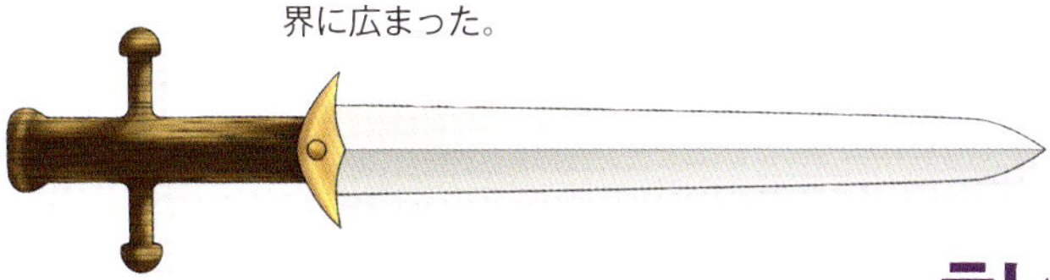

テレク Telek

全長30～45cm　重量0.3～0.5kg　北アフリカ（11～20世紀）

サハラ砂漠に住むトゥアレグ族の短剣であり、両刃でまっすぐな剣身を持つ。十字形の柄が特徴的だが、これは横に張り出した突起に人さし指と中指を掛けて、パンチを繰り出すように突くためのものである。

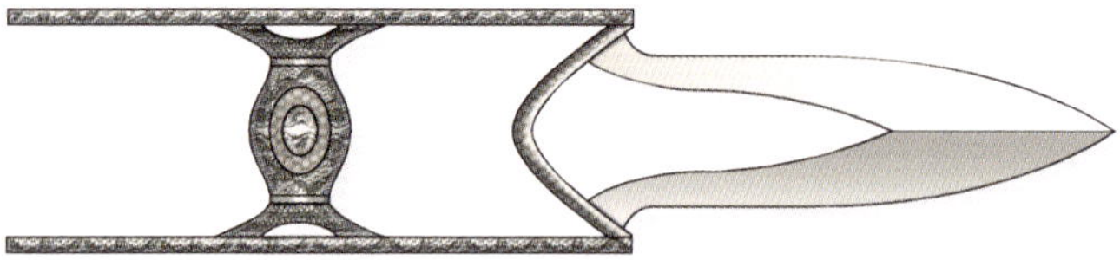

ジャマダハル →p.82 Jamadhar

全長30～70cm　重量0.3～1kg　インド（14～19世紀）

インドに固有の、やや大型の刺突用短剣。柄を握り込んで殴るように使うため、パンチングダガーの異名がある。その奇抜なデザインと用法から、フィクションの世界での人気は高い。欧米ではカタールと呼ばれる。

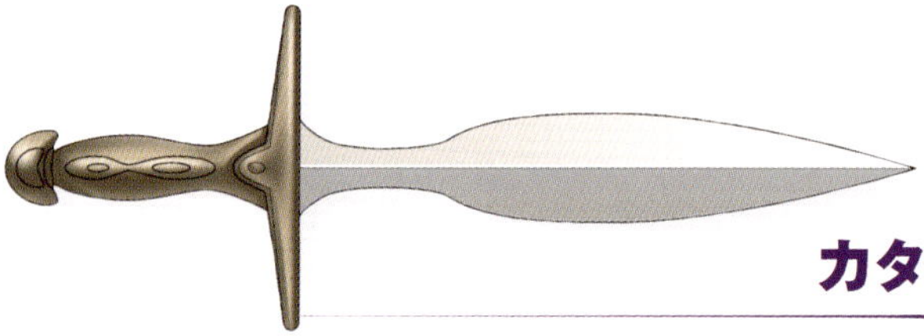

カタール Katar

全長35～40cm　重量0.3～0.4kg　インド（紀元前4～紀元18世紀）

インドで古くから使われている一般的な短剣。ジャマダハルと名前が混同していることから、名前だけは有名である。木の葉状の剣身が特徴で、突くのにも斬るのにも適している。剣身の長い刀剣タイプのものもある。

ペシュカド Pesh kabz

全長25～40cm　重量0.3～0.4kg　インド～中東（15～19世紀）

ペルシャからインドで使われた片刃の短刀。刀身が鍔元近くでやや張り出しているため、横にするとT字形に見えるのが特徴。剃刀のように鋭い刃を持ち、えぐったり削ぎ斬ったりするのに適している。

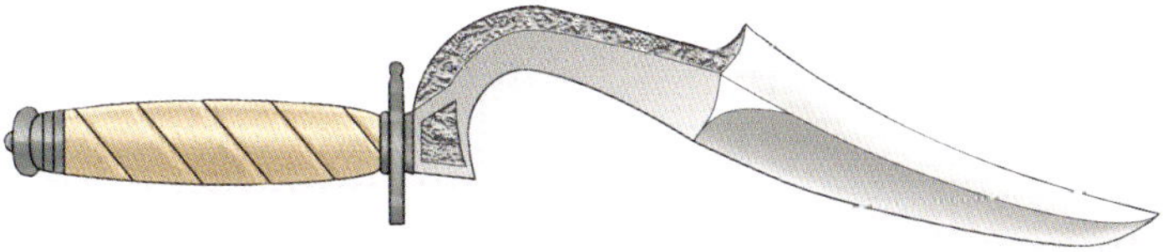

チョーパー Chopper

全長50～65cm　重量0.4～0.7kg　インド(紀元前3～紀元18世紀)

インド南部で広く使われていた短剣。剣身の形状には変異があるものの、ほとんどは鎌形で、柄は長めのものが多い。これはもともと鉈のような日用品であり、名前も英語の"Chopper(斧、鉈)"に由来していると思われる。

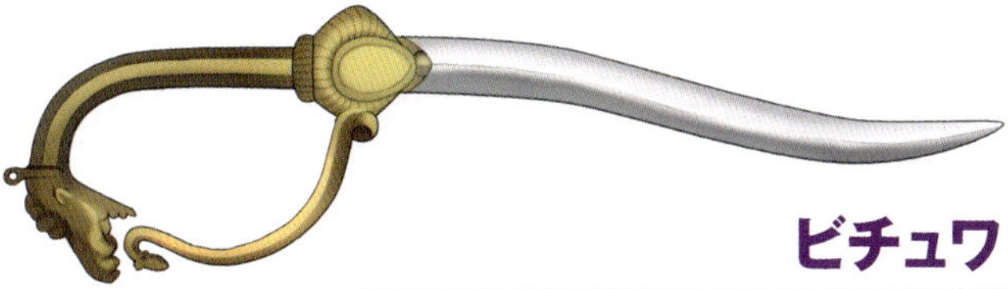

ビチュワ Bichawa

全長25～40cm　重量0.2～0.5kg　インド(15～18世紀)

輪になった護拳と、波打った剣身が特徴の短剣。伝統的には水牛の角でつくられるが、後に金属製の鋭い刃を備えたものも現れた。ビチュとはヒンズー語でサソリの意味。湾曲した姿をサソリの尾に見立てて名付けられている。

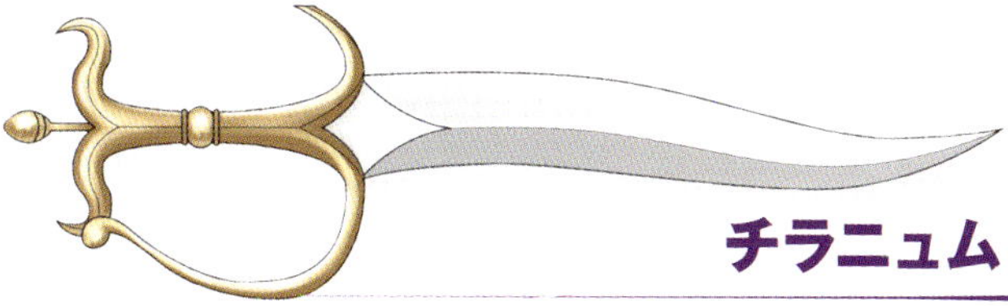

チラニュム Chilanum

全長30～40cm　重量0.3～0.4kg　インド(16～19世紀)

ムガール帝国の士官たちが使用していた、幅広く湾曲した剣身を持つ両刃の短剣。後にはS字形に湾曲したものや、剣身のまっすぐなものも現れた。様々な装飾が施されており、柄の意匠も凝ったものが多い。

ピハ・カエッタ Piha kaetta

全長15～40cm　重量0.1～0.4kg　セイロン島（16～19世紀）

刀身が幅広で、柄が「く」の字型にカーブする、セイロン島に特有の短刀。そのほとんどが王立工場で製作されたことから、凝った装飾のものが多く、刀身に象嵌が施されていたり、柄や鞘に銀製の帯が巻かれているものなどが見られる。

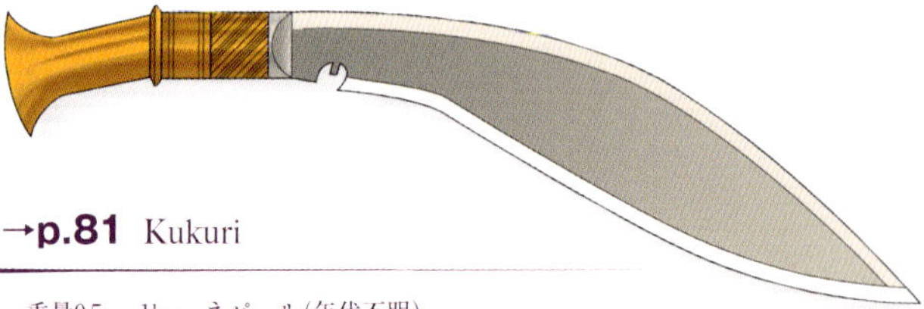

ククリ →p.81 Kukuri

全長40～50cm　重量0.5～1kg　ネパール（年代不明）

ネパールの伝統的な短剣で、日常生活でも戦闘でも使われる。力で叩き斬るような形状でありながら、切れ味も鋭い。イギリスの傭兵部隊として有名な、ネパール出身のグルカ兵のトレードマークであるため、グルカナイフとも呼ばれる。

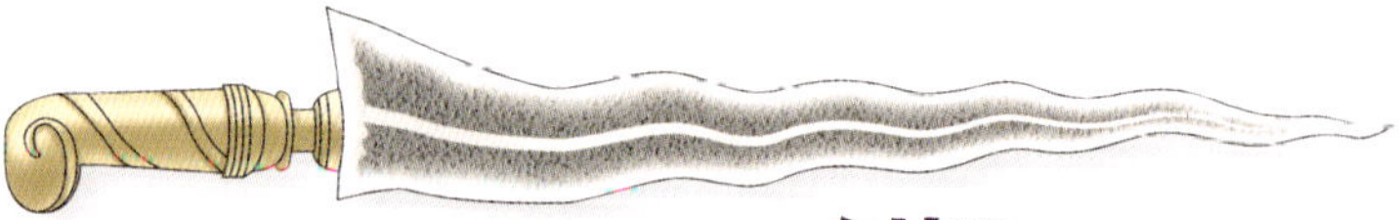

クリス →p.84 Keris, Kris

全長40～60cm　重量0.4～0.7kg　東南アジア（年代不明）

インドネシアやマレーシアの島々で見られる短剣。武器というよりは悪霊を退けるなど神秘的な役割を果たす。8世紀にはすでに作られていたようだが、それ以前については不明。名前の由来はジャワ語の“ngeris（突き刺すこと）”から。

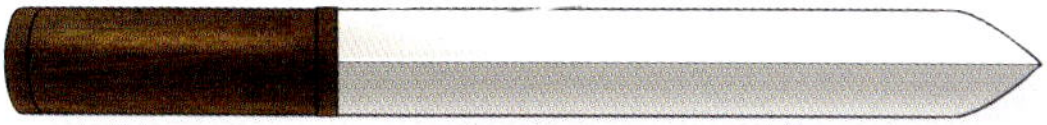

匕首 Hisyu

全長30 ～ 45cm　重量0.1 ～ 0.3kg　中国(紀元前21 ～紀元20世紀)

中国の鋭利な短剣。暗殺に用いられたことで知られ、料理した魚の腹に隠して持ち込んだ例もある。日本の匕首(あいくち)とは別物で、日本のものは鞘と柄の口がぴったり合うことから匕首(合口)といい、鍔のない短刀を指す。

ローチン →p.85 Rochin

全長40 ～ 60cm　重量0.4 ～ 0.6kg　琉球(15世紀～現在)

琉球古武術で使われる短剣サイズの槍。琉球では二度にわたって大規模な刀狩りが行われたため、空手と共にローチンのような独特の武器を使った武術が広まった。流派によっては鉈状の短剣をローチンと呼ぶこともある。

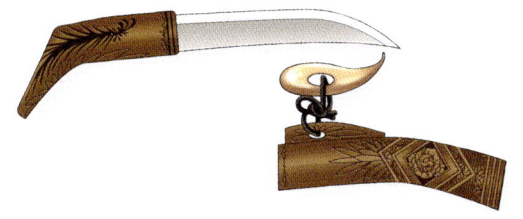

マキリ →p.86 Makiri

全長15 ～ 40cm　重量0.1 ～ 0.4kg　蝦夷(年代不明)

アイヌの短刀の総称で、本来は日用品。鞘や柄に施される細かい彫刻が特徴である。アイヌの刃物にはほかに、タシロ(山刀)、エムシ(刀)などがあるが、厳密に区別されているわけではないようだ。漁師・猟師用小刀のマキリはこれに由来する。

腎臓短剣

キドニーダガー

Kidney dagger

→P69

金属鎧の騎兵は歩兵に対し無敵の強さを誇るが、落馬すると鎧の重さ故に動きが制限される。鎖帷子で約10kg、板金鎧は約20kgもあるため、逃げるのは難しかろう。

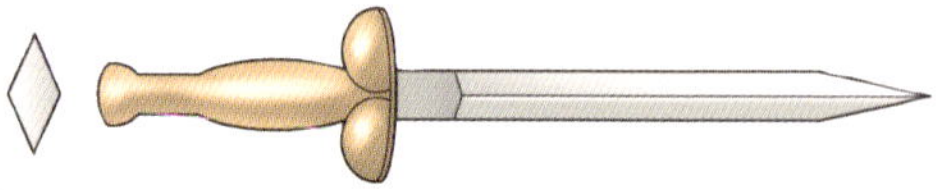

キドニーダガーは、鎧を着た相手を地面に組み伏せ、鎧の隙間から突き刺すような使い方が基本である。しかし中には、鎧の薄い部分を狙って突き通す、錐状の剣身を持つものもあり、こうしたタイプの短剣は「メイルブレイカー（鎧通し）」と呼ばれる。

もともとは“bollock dagger（睾丸短剣）”と呼ばれており、これは剣身を陰茎に、柄の飾りを睾丸に見立てたことによる。それを、ビクトリア朝時代（19世紀）の気取った歴史家が“kidney dagger（腎臓短剣）”と呼び変えてしまったのだが、睾丸短剣のほうが男らしく清々しい。

左利きでもマンゴーシュ？

マンゴーシュ

Main gauche

→P72

マンゴーシュはレイピアやエペなど決闘用の剣とセットで、盾の代わりに使用された。そのため、籠状護拳や、相手の剣を絡め取る突起のあるものが多い。剣を左の腰に差し、短剣を背側に横向きに差すと、2本同時に抜くことができるためイイ感じである。

『**ブレイブストーリー～新説～**』三谷亘の剣は、マンゴーシュタイプの短剣である。これは勇者の剣という長剣にもなるが、短いまま左手に持ち、右手には長い刀を持って戦ったこともあった。しかし、この時は敵であるグルースの技量が高く、なかなか打ち払えずにいたようだ。

防御に特化した短剣であるため、『**ファイナルファンタジーシリーズ**』では武器でありながら回避率を上げる効果がある。特に回避が重要視される『**II**』では使える武器であったが、実物は細身の剣を受けるように作られているため、モンスターの攻撃など受け切れぬであろう。

剣を破壊するもの

ソードブレイカー

Sword breaker

→P72

ソードブレイカーは、相手の剣を絡め取って折る、あるいは手から落とさせる短剣の総称である。絡め取る対象としているのはレイピアやエペなど細身の剣であり、ブロードソードやバスタードソードが相手では、逆に折られてしまうであろう。

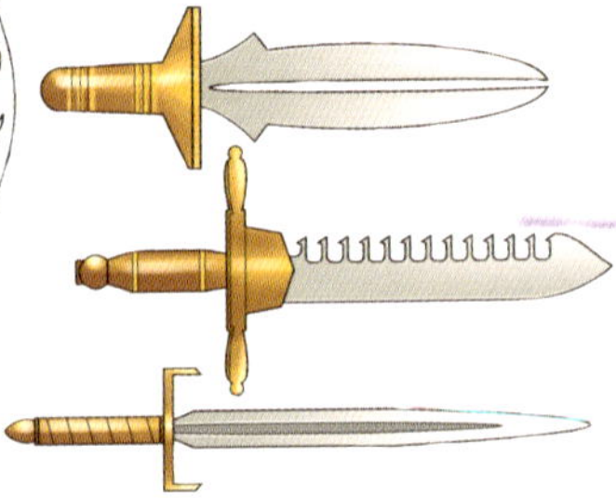

いろいろな形のソードブレイカー

『ルナル・サーガシリーズ』には個性的なソードブレイカーが登場し、両手剣や長柄武器のソードブレイカーまで存在する。確かにこれら大型武器のソードブレイカーは、レイピアなどを引っ掛けて折ることもできるだろうが、力で叩き折るほうが容易だと思われる。

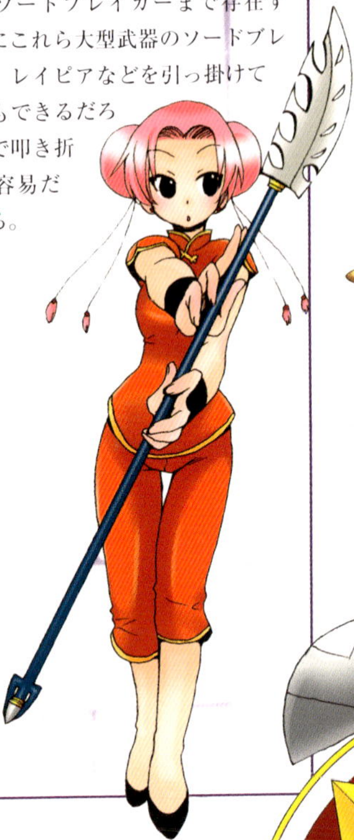

時を経てもなお、コアなアバル信徒たちに支持され続ける**『SWORD BREAKER』**。ここでいうソードブレイカーとは短剣ではなく、この世のどんな剣をも砕くという無敵の盾である。この盾は鎧にも変化し、この鎧をまとえば剣に限らず如何なる敵をも、体当たり一つで破壊できる。

なんだかや〜んみたいな〜
ククリ
Kukuri
→P76

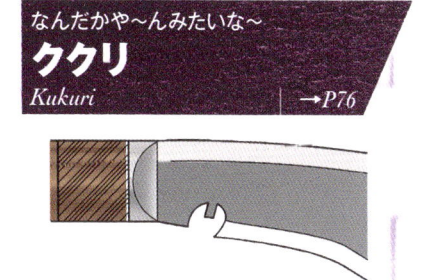

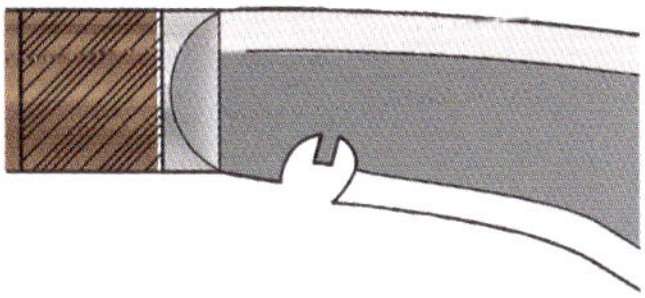

短剣というよりは鉈に近い形状であり、ネパールでは日用品としても使われる。ククリの特徴として、刃の根元にあるω型の窪みが挙げられるが、これは血が柄まで垂れないようにするなどの実用的な意味よりも、ヒンズー教の神であるカーリーやシヴァの力を象徴し、刀身に力を与えるという点で重要である。

『**吸血鬼ドラキュラ**』では、イギリス人の不動産屋ジョナサン・ハーカーの武器として描かれているが、グルカ兵を抱えるイギリスではよく知られた武器なのであろう。また、コッポラ監督の映画版には、ヴァン・ヘルシングがククリを使って女吸血鬼の首を斬る場面もある。

『**BLACK LAGOON**』では中国人のシェンホアが、2本のククリの柄を紐で繋げて振り回している。ちなみに、ククリといえば『**魔法陣グルグル**』のククリを思い出す者も多いだろうが、彼女の武器はワンドであり、この短剣とはまったく関係がない。

これでも短剣

ジャマダハル

Jamadhar

→P74

刃の形状にはバリエーションがあり、複数本の剣身を持つものもある。中には、通常は1本の刃のように見えるが、柄を握ると、脇から2本の側刃が開くというギミックを持つものもあり、相手に突き刺した後に側刃を開くことにより、致命的なダメージを与えることができる。

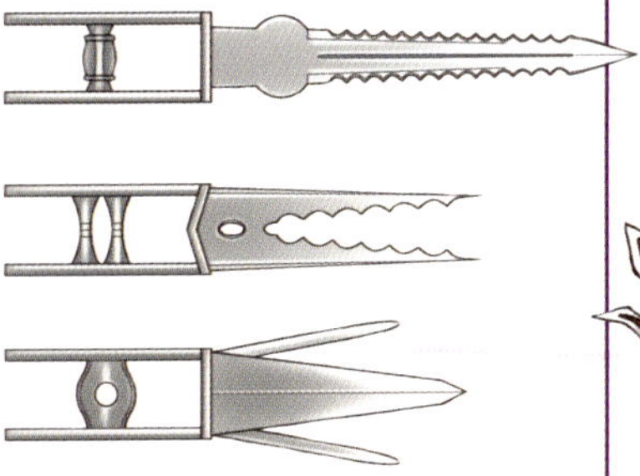

『**ソウルキャリバー**』で最も忠義に厚いヴォルドの武器はジャマダハルである。彼は、盲目の身でありながら、3本刃タイプのジャマダハルを両手に装備し、得意のブリッジなどの体術を駆使して戦う。ちなみに、彼はインドではなくイタリア出身である。

『**ベルセルク**』シラットも3本刃ジャマダハルを両手に装備している。ジャマダハルは短剣にしては強度が高いほうであるが、爆殺王ヴァランシャによるバスタードソードの打ち込みを、2本のジャマダハルを交差させて防いだのは少々やり過ぎであろう。

『鋼の錬金術師』エドワード・エルリックが、戦闘時に右手首から刃を伸ばした形態はジャマダハルのようである。しかし、これは短剣状ではあるものの、拳で柄を握っているのではなく手首の上から伸びているため、むしろパタと呼ぶべきかもしれぬ。

『ドラゴンクエストシリーズ』で登場頻度の高いドラゴンキラーも、形状的にはジャダマハルだ。**『DRAGON QUEST-ダイの大冒険-』**にもかなり上位ランクの武器として登場し、ヒドラを倒すのに使用されたが、死神キルバーンによってあっさり砕かれてしまったのは勿体ないことである。

欧米ではジャマダハルをカタールと呼ぶ。これは16世紀の歴史書『アクバル会典』において、カタールとジャマダハルの図版を取り違えたことに端を発する、明らかな誤りだが、欧米ではいまだに改められる気配はない。

隕鉄で作られた短剣

クリス

Keris, Kris

→P76

人類が初めて手に入れた鉄は、隕石に含まれる隕鉄である。これは貴重な鉄器の材料として、神具や武具を作るのに使われた。かつてクリスはこうした隕鉄を材料として作られていたが、現在は隕鉄に成分の近いニッケル鋼で作られている。

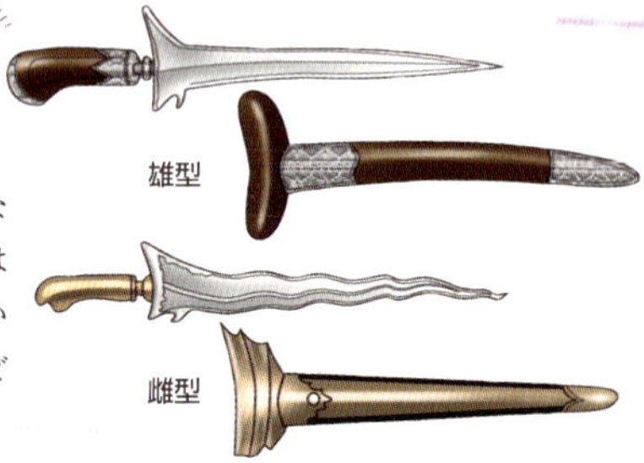

波打った剣身が特徴的だが、まっすぐなものも存在し、剣身がまっすぐなものは雄型、波打っているものは雌型とされている。剣身や柄、鞘の意匠は様々であり、どれ一つとっても同じものはない。

『**デューン／砂の惑星**』のクリスナイフ(crysknife)は、砂漠の民であるフレーメン族の短剣である。これは巨大な砂虫であるシャイ・フルドの歯から作られ、クリス(kris)がモデルだといわれる。ちなみに、かつてはクリスを“cryse”や“creese”などと綴ることもあった。

心眼！

ローチン

Rochin

→P77

『超電磁ロボ コン・バトラーV』は、ツインランサーという短槍を2本、両手に持って戦う。これはローチンをモデルにしたというわけでもないだろうが、珍しい短槍の二槍流である。ちなみに、「ランサー（lancer）」とは槍騎兵の意味だが、槍状武器の名前として使われることが多々ある。

『必殺仕置人』棺桶の錠は琉球出身であるため、彼の使用する手槍はローチンがモデルであろう。この手槍は普段は工具の中に隠しておき、使用するときには外した鞘を柄頭に繋げ、柄を延長できるという優れものである。

ローチンとティンベー（ウミガメの甲羅などで作った盾）を組み合わせて使う武術をティンベー術という。**『るろうに剣心』**魚沼宇水は琉球出身であり、このティンベー術と心眼を駆使して斉藤一と戦った。ウミガメの甲羅の盾と、銛のような手槍の組み合わせが、南国ムード満点でイイ感じだ。

大自然のおしおき

マキリ

Makiri

→P77

『**サムライスピリッツシリーズ**』リムルルの持つハハクルは、1尺2寸(約36cm)のメノコマキリである。メノコマキリとは女性の使うマキリであり、マキリに比べると小型のものが多い。アイヌには、男性が柄や鞘に彫刻を施し、女性に贈る習慣がある。

リムルルの姉であるナコルルは、チチウシというメノコマキリを持つ。これは村に伝わる宝刀であり、前の持ち主が父であったこと、2尺5寸(約75cm)の長さがあることから、もともとはエムシ(刀)であったと思われる。それを近しい男性が彼女のために、拵えをメノコマキリに作り替えたのであろう。

アイヌは製鉄技術を持たず、刀身は倭人から輸入していた。鉄製品を修復、加工する鍛冶屋は存在したが、元が輸入品であるためアイヌ刀のつくりは日本刀と同じである。ただし、アイヌ向けに出荷された刃物は品質の低いものが多く、マキリの品質をめぐるトラブルから倭人との間で戦争が起きたこともある(コシャマインの戦い/1457年)。

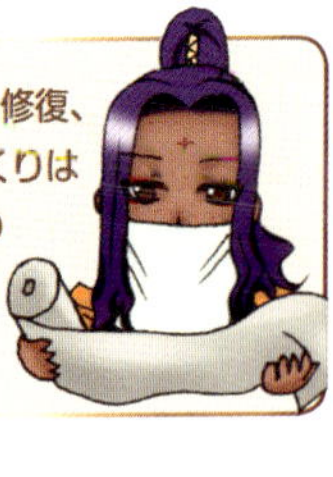

第3章 長柄

Pole weapons

Pole weapon編
長柄武器は我輩から説明しよう
ずううううん
長い柄の先に攻撃用の頭部を有する武器であり
槍、斧、鎌、鈎およびそれらの複合武器を含む
柄の長さに決まりはないがハチェットくらい短くなると長柄武器とはいわんな
本書では長柄ですが
各部位の名称はこのようになっている

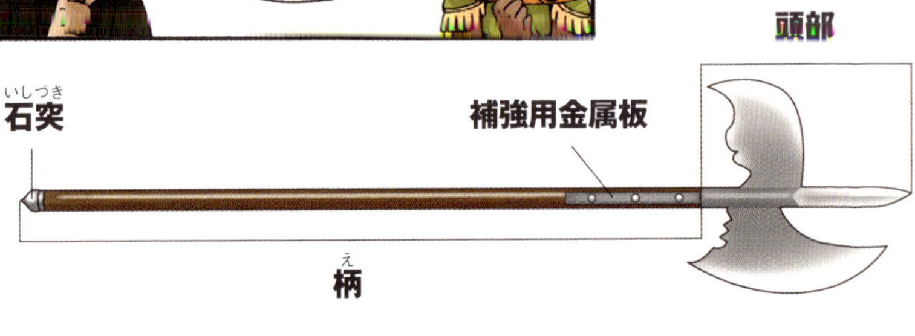
頭部
石突《いしづき》
補強用金属板
柄《え》

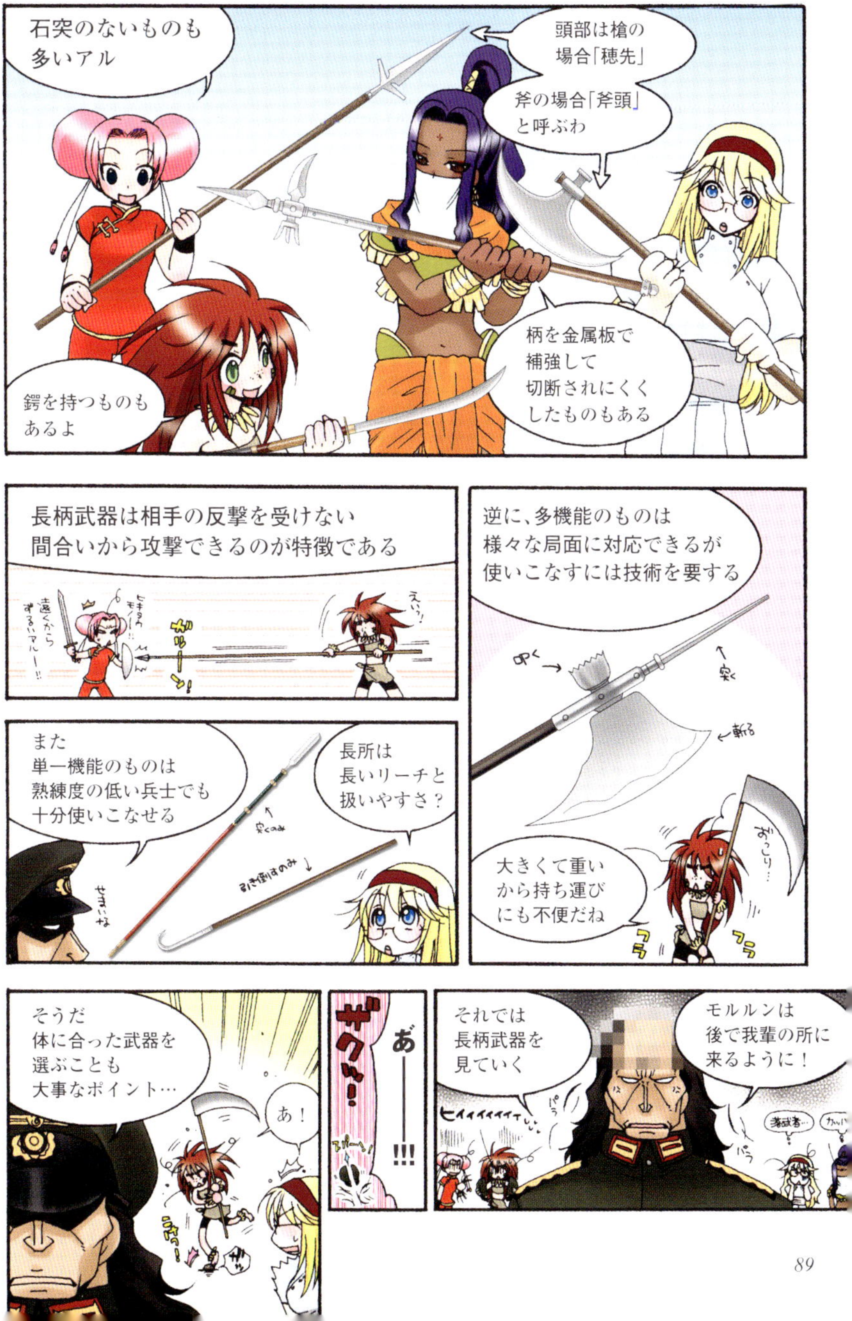
石突のないものも
多いアル
頭部は槍の
場合「穂先」
斧の場合「斧頭」
と呼ぶわ
鍔を持つものも
あるよ
柄を金属板で
補強して
切断されにくく
したものもある
長柄武器は相手の反撃を受けない
間合いから攻撃できるのが特徴である
遠くからずるいアルー!!
ヒキョウモノー!!
ガルーン!
えいっ!
また
単一機能のものは
熟練度の低い兵士でも
十分使いこなせる
長所は
長いリーチと
扱いやすさ？
突くのみ
引き倒すのみ
せまいな
逆に、多機能のものは
様々な局面に対応できるが
使いこなすには技術を要する
叩く
突く
斬る
大きくて重い
から持ち運び
にも不便だね
フラ
フラ
そうだ
体に合った武器を
選ぶことも
大事なポイント…
あ！
ザクッ！
あ――!!!
それでは
長柄武器を
見ていく
モルルンは
後で我輩の所に
来るように！
ヒイイイイイイイィぃぃ…
パラ
パラ
落武者…

ショートスピアー

→p.102

Short spear

全長120 ～ 200cm
重量0.8 ～ 1.8kg
世界各地（年代不明）

最も一般的な歩兵槍。単にスピアーといった場合、槍の総称としても使われる。柄の先端に硬い穂先をつけただけの単純な構造でありながら威力も高い。石器時代から狩猟に使われていたと考えられている。

ロングスピアー

Long spear

全長200 ～ 300cm
重量1.5 ～ 3.5kg
世界各地（年代不明）

ショートスピアーと同じつくりだが、より遠くから攻撃するため柄を延長したもの。歩兵部隊に用いられ、集団で腰だめに構えて威嚇するのが主な使い方。ショートスピアーでは対抗できなかった騎兵などに当たった。

ウイングドスピアー

Winged spear

全長180 ～ 200cm
重量1.5 ～ 1.8kg
ヨーロッパ（5 ～ 11世紀）

穂先のつけ根に翼状の短い突起（ウイング）を付けた、ショートスピアーの一種。このウイングは、深く刺さり過ぎて抜けなくなるのを防止する役目を持つ。特に、突進力の高い騎兵によって用いられることが多かった。

トライデント

→p.103

Trident

全長120 ~ 200cm
重量1.5 ~ 2.5kg
ヨーロッパ(年代不明)

元来は漁師の銛であり、正式な軍隊の武器として採用されたものではない。これはローマの剣闘士に投網とセットで用いられ、左手の網で牽制をしながら相手の脚や腕を絡め取り、右手のトライデントで仕留めるという戦法が取られた。

ボアスピアー

Boar spear

全長150 ~ 200cm
重量1.5 ~ 2kg
ヨーロッパ(紀元前1世紀~現在)

ローマ帝国時代から使われる狩猟用の槍。短く重いのが特徴であり、穂先の根元にはウイングドスピアーのような突起の付いているものが多い。現在でも、銃を使わない狩りにこだわる愛好家によって使われている。

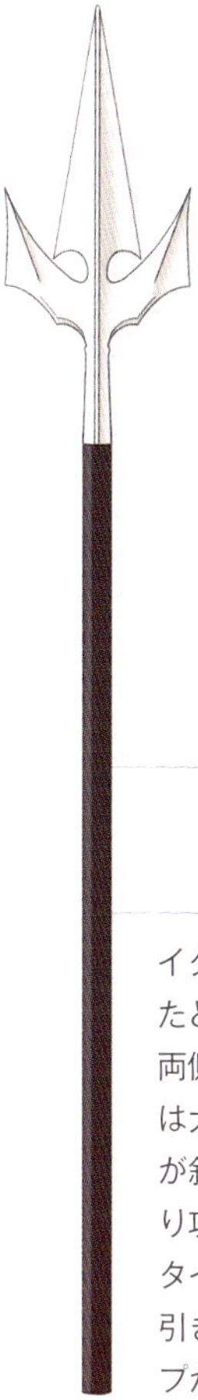

コルセスカ

Corsesca

全長200 ~ 270cm
重量2.1 ~ 2.6kg
ヨーロッパ(15 ~ 17世紀)

イタリアのコルシカ島で生まれたといわれる三叉の長柄武器。両側に張り出したの刃先の形状は大別して2パターンあり、刃が斜め前方を向き、斬りつけたり攻撃を受け止めるのに適したタイプと、鎌型で反り返り、敵を引きずり下ろすのに適したタイプがある。

サリッサ

Sarissa

全長400～650cm
重量4.5～7kg
ヨーロッパ(紀元前4～紀元前2世紀)

マケドニア式のファランクス(重装歩兵による密集陣形)で採用された超長槍。槍が折れた際には天地を持ち替え、石突を槍として用いたようだ。考案者のピリッポス2世とその子アレクサンドロス大王は、サリッサでヨーロッパ中を席巻した。

パイク

→p.108

Pike

全長400～800cm
重量3.5～5kg
ヨーロッパ(15～17世紀)

対騎兵用武器として作られた柄の長い歩兵槍。これは振り回すのではなく、密集した歩兵がしっかりと固定し、槍衾(やりぶすま)を作るのに用いられる。パイクの名称はフランス語で"pique"と呼ばれる歩兵槍の英名である。

オウルパイク

Awl pike

全長300～350cm
重量2.5～3kg
ヨーロッパ(15～16世紀)

断面が四角形をした長い穂先を持ち、エストックのように貫くことに特化した槍。これは金属鎧も貫くことができたが、実戦向きではなく、次第に穂先が短くなってただのパイクとなった。オウルとは英語で千枚通しのこと。

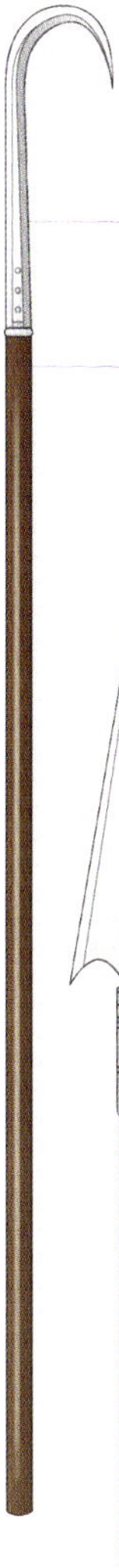

バトルフック
Battle hook

全長200 ~ 250cm
重量2 ~ 3kg
ヨーロッパ(13 ~ 16世紀)

重い金属鎧を着た騎兵を落馬させる目的で考案された単純な鈎。多機能な武器は応用が利くが、使いこなすのが難しい。その点この単純な武器は、農民兵などの熟練度の低い兵が使っても、十分な効果を発揮した。

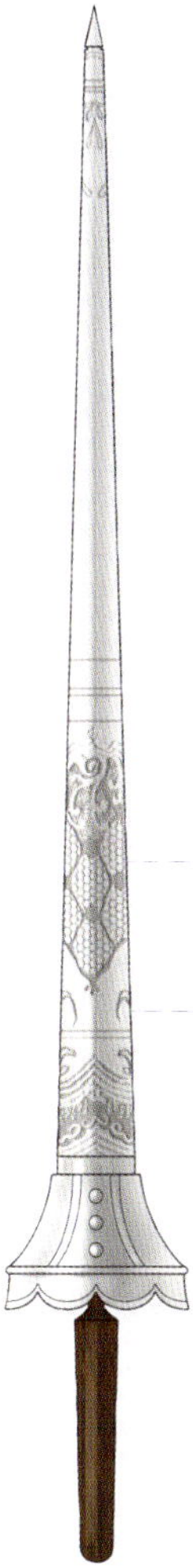

ランス
→p.104
Lance

全長200 ~ 420cm
重量3.5 ~ 4kg
ヨーロッパ(14 ~ 20世紀)

騎兵の使う槍の総称。狭義では、細長い円錐形をしており、馬具で固定し、馬の突進力を活かしたランスチャージのできるものを指す。これは必ず馬とセットで使用され、歩兵には使いようのない武器である。

パルチザン
Partisan

全長150 ~ 180cm
重量2 ~ 3kg
ヨーロッパ(15 ~ 17世紀)

フランスなどで主に非正規軍(パルチザン)によって使われた槍。穂先の下部の両端が突き出た形になっており、ここで相手を引っ掛けられるのが特徴。実戦で使用された期間は短いが、装飾を施されたものが儀礼用に残った。

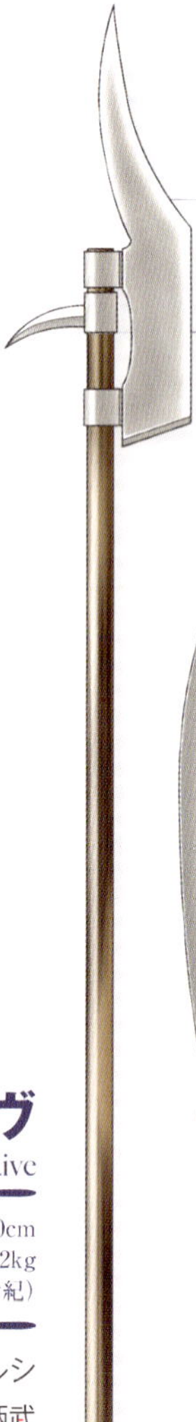

ヴォウジェ

Vouge

全長200 ～ 300cm
重量2.5 ～ 3.5kg
ヨーロッパ（13 ～ 17世紀）

フランス式とスイス式に大別されるが、これらは起源の異なる可能性がある。フランス式はグレイヴのような形だが、スイス式は図のように先端が尖り、背側に鉤爪を持つ多機能形である。スイス式はハルバードの原型という説がある。

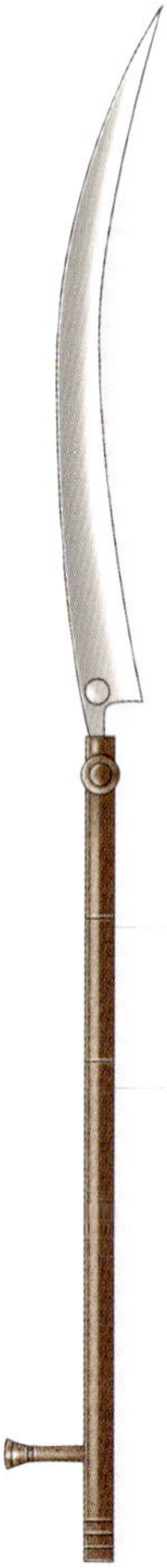

グレイヴ

Glaive

全長200 ～ 270cm
重量2.5 ～ 3.2kg
ヨーロッパ（12 ～ 17世紀）

長柄の先に刀剣のファルシオンを付けたような長柄武器。基本的に片刃だが、棟側に引っ掛け用の鉤を持つものもある。16世紀以降になると一線を退き、主に儀礼用として使われたため、頭部が大きく装飾を施されたものが多くなった。

サイズ →p.107

Scythe

全長200 ～ 250cm
重量2.2 ～ 3.2kg
ヨーロッパ（16 ～ 20世紀）

もともとは草を刈る大型の鎌であり、近世において農民が武装蜂起する際に使われた。これは草を刈るときと同じく、水平に薙ぐように使用するが、薙刀のように振り下ろして斬りつけることもできる。

ハルバード

→p.110

Halberd

全長200 ～ 350cm
重量2.5 ～ 4kg
ヨーロッパ（14 ～ 19世紀）

突くための槍、叩き斬るための斧、引っ掛けるための鈎の三つのパーツからなる多機能斧。長柄武器の完成形といわれるが、それだけに使いこなすには熟練を要する。ドイツ語風にハルベルトとも呼ばれる。

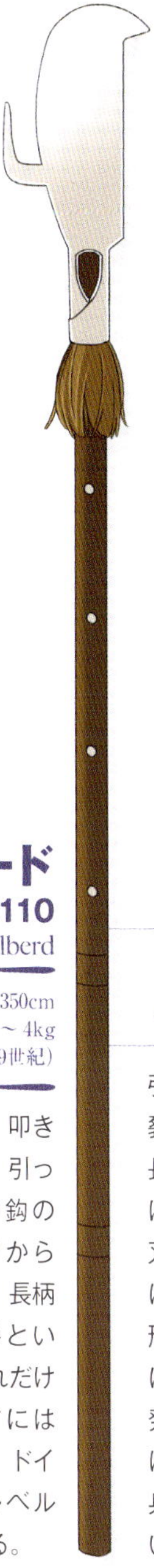

ビル

Bill

全長150 ～ 300cm
重量2 ～ 3.5kg
イギリス（13 ～ 17世紀）

引き倒す鈎と、斬り裂く刃を一体化した長柄武器。もともとは農具を起源とし、刃の一部がフック状になるだけの単純な形状であったが、後に複雑な形のものへ発展した。柄の長さは、軍人用は短く、民兵用は長いものが良いとされる。

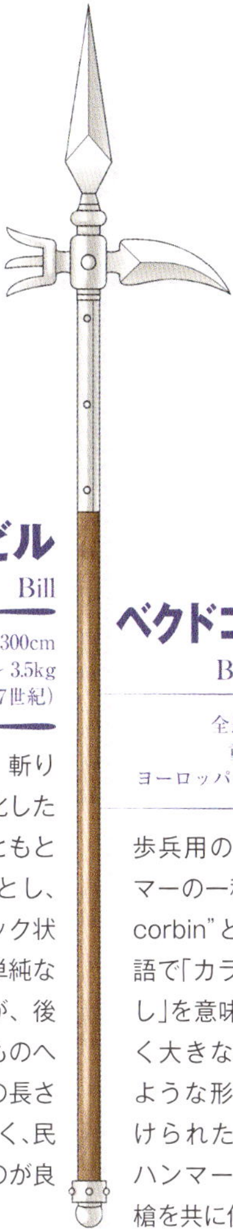

ベクドコルバン

Bec de corbin

全長120 ～ 150cm
重量1.8 ～ 2.5kg
ヨーロッパ（14 ～ 17世紀）

歩兵用のウォーハンマーの一種。“Bec de corbin”とはフランス語で「カラスのくちばし」を意味し、鎧も貫く大きなくちばしのような形状から名付けられた。打撃用のハンマーや刺突用の槍を共に備えている。

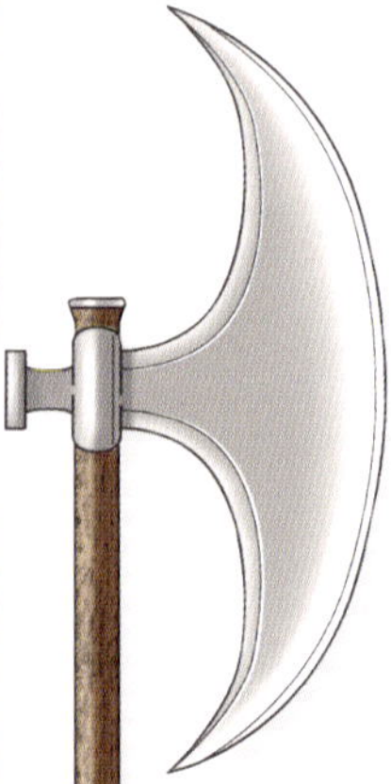

クレセントアックス

Crescent axe

全長120～150cm
重量2.5～3.5kg
ヨーロッパ(14～15世紀)

イタリアを発祥とする大きな刃を持った斧。"Crescent"とは英語で三日月型を意味し、断ち斬ることを目的とした斧頭の形状からの命名。北欧で広く用いられ、東欧では大型化してバルディッシュへと発展した。

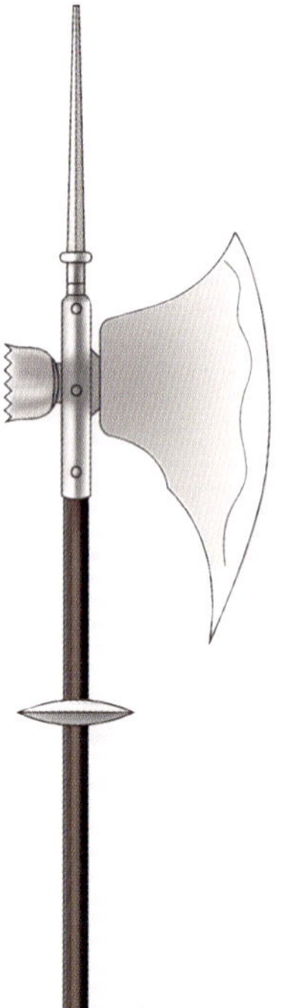

ポールアックス

Poleaxe

全長180～250cm
重量2.3～3kg
ヨーロッパ(15～16世紀)

長い柄の先に細身の槍と斧頭をつけた多機能武器。多くのものは斧の棟側に鉤爪あるいは小形の槌頭を持つ。歩兵によって使われたことから"footman's axe(歩兵斧)"とも呼ばれる。柄の途中に円盤型の鍔を持つものが多い。

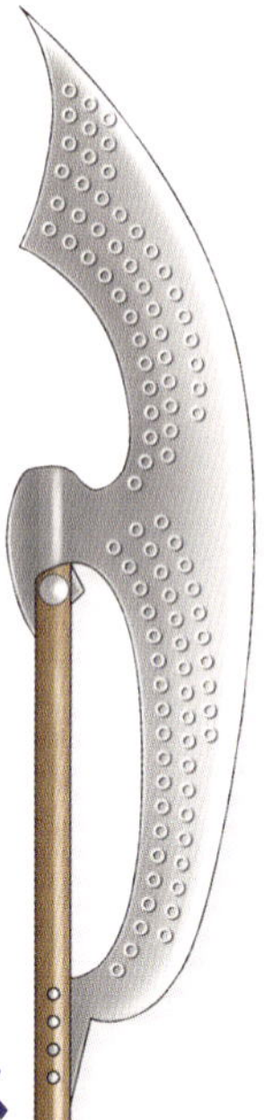

バルディッシュ

→p.106

Bardiche, Berdysh

全長120～250cm
重量2～6kg
ヨーロッパ(16～18世紀)

柄の長さに比して、斧頭があまりにも巨大な斧。主にロシアなど東欧で用いられ、儀礼用に使われたものの中には刃長150cmになるものも存在する。また、柄の短いタイプのものは騎兵にも使用された。

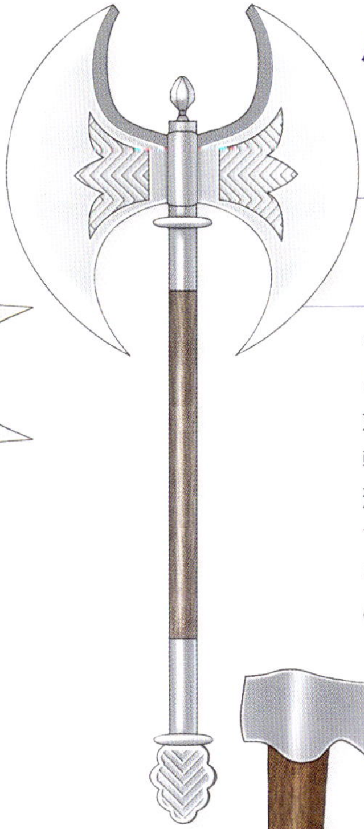

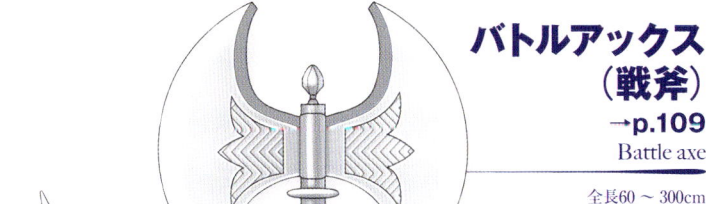

バトルアックス（戦斧）

→p.109

Battle axe

全長60 ～ 300cm
重量0.5 ～ 6kg
世界各地（6 ～ 19世紀）

もともとは薪割など日用品として使用していた斧を、対人戦闘に転用したもの。転用するにあたって様々な形のものが生まれた。本書では、両刃･片刃、柄の長短を問わず、戦闘に用いる斧の総称としている。

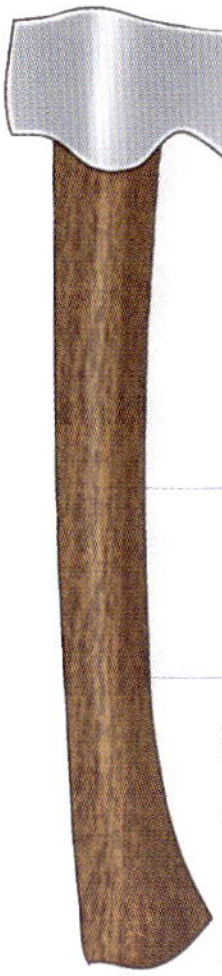

ハチェット（手斧）

Hatchet

全長40 ～ 50cm
重量0.6 ～ 1.6kg
世界各地（年代不明）

薪割りなどに使う小型の斧の総称で、ハンドアックスともいう。日用品ではあるが、武器に転用されることも多く、予備の武器として携帯し、投げて使うこともある。ちなみに、名前の似たマチェットというのは鉈のこと。

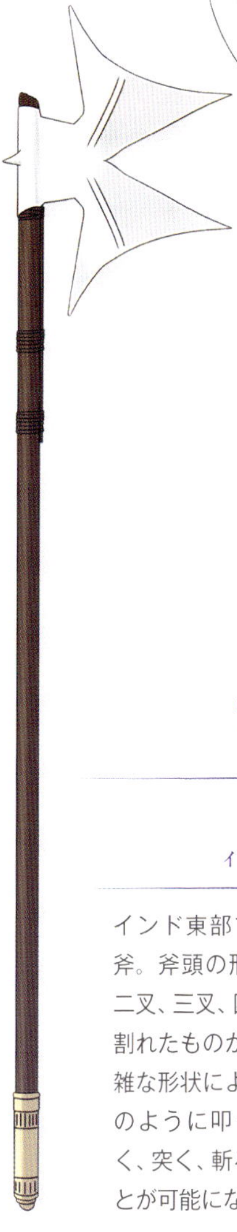

ブローバ

Bullova

全長80 ～ 150cm
重量0.5 ～ 3kg
インド（16 ～ 19世紀）

インド東部で用いられた戦斧。斧頭の形状は様々だが、二叉、三叉、四叉など、星形に割れたものが特徴的。この複雑な形状により、一般的な斧のように叩き割るだけでなく、突く、斬る、引っかけることが可能になっている。

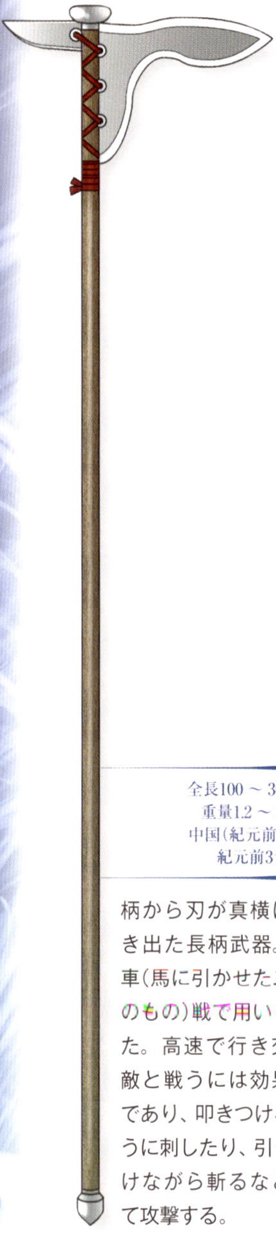

戈

Ka

全長100～300cm
重量1.2～2.5kg
中国(紀元前16～紀元前3世紀)

柄から刃が真横に突き出た長柄武器。戦車(馬に引かせた二輪のもの)戦で用いられた。高速で行き交う敵と戦うには効果的であり、叩きつけるように刺したり、引っ掛けながら斬るなどして攻撃する。

矛

→p.111

Boh

全長200～560cm
重量1.5～5.5kg
中国(紀元前16～紀元20世紀)

最も古くから軍隊に採用された長柄武器の一つ。竹製や木製の柄の先に、金属製の穂先をかぶせて固定する。槍が普及すると旧式の武器となったが、蛇矛のような改良型は細々と使われ続けた。

戟

Geki

全長200～380cm
重量2.5～3kg
中国(紀元前16～紀元13世紀)

戈と矛を合わせた複合武器。長柄武器の多機能化は古代中国でも行われており、これはかなり長期にわたって使用された。しかし、唐の時代に槍が隆盛になってくると、次第に使われなくなり、宋の時代には儀礼用となった。

槍

Soh

全長300～800cm
重量2.5～6kg
中国(3～20世紀)

中茎(なかご)を持つ穂先を、柄に差し込んだ長柄武器。矛よりも先端が鋭く、刺突に優れる。諸葛亮が発明したといわれるが、戦場の主役となったのは7世紀の隋から唐にかけてのこと。銃が台頭するまでは、「あらゆる兵器の王」と称された。

偃月刀

→p.112

Engetsutoh

全長170～300cm
重量12～25kg
中国(10～20世紀)

反り返った大きな刀身を持つ長柄武器。偃月とは半月のことであり、刀身の形による命名。実際に使われた可能性があるのは宋の時代(960～1279年)くらいで、以降は訓練や儀礼用の武器として使用されていた。

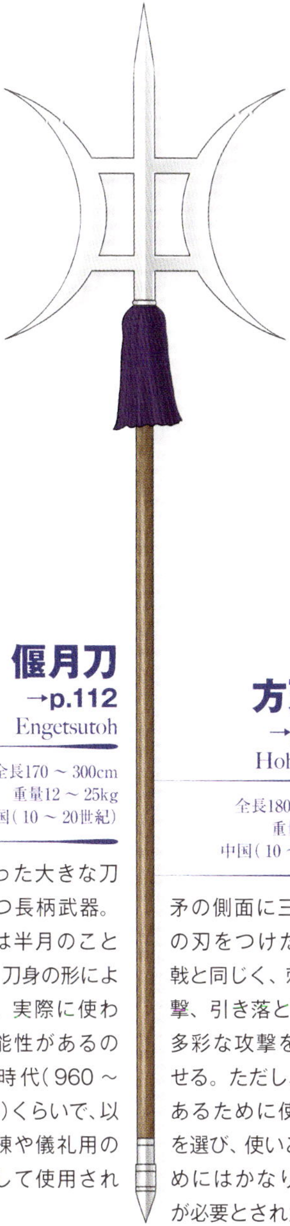

方天戟

→p.113

Hohtengeki

全長180～220cm
重量3～4kg
中国(10～20世紀)

矛の側面に三日月型の刃をつけたもの。戟と同じく、刺突、斬撃、引き落とすなど、多彩な攻撃を繰り出せる。ただし、重量があるために使う人間を選び、使いこなすためにはかなりの熟練が必要とされた。

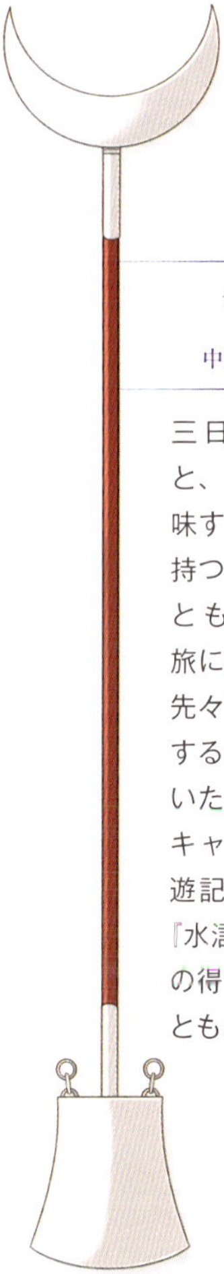

月牙鏟

Getsugasan

全長150～300cm
重量10～37kg
中国(14～20世紀)

三日月型の月牙と、シャベルを意味する鏟を両端に持つ長柄武器。もともとは僧侶が旅に携行し、行く先々で死体を埋葬するのに使われていたらしく、僧侶キャラである『西遊記』の沙悟浄や『水滸伝』の魯智深の得物とされることもある。

槍

→p.114

Yari

全長120～640cm
重量2～5kg
日本(14～19世紀)

長い柄の先に金属製の穂先を差し込んだ長柄武器。日本では槍の登場時期が遅いため、戦場の主役として活躍したのは南北朝時代から江戸時代初期までと短い。穂先の形状によりいくつかの種類がある。

薙刀(長刀)

→p.116

Naginata

全長120～300cm
重量2.5～5kg
日本(8～19世紀)

もともとは矛に斬撃の要素を加える意図で開発された、斬りつけることに適した長柄武器。柄を握った感触だけで刃の向きがわからなければ使いづらいため、柄は刀のように楕円形をしている。

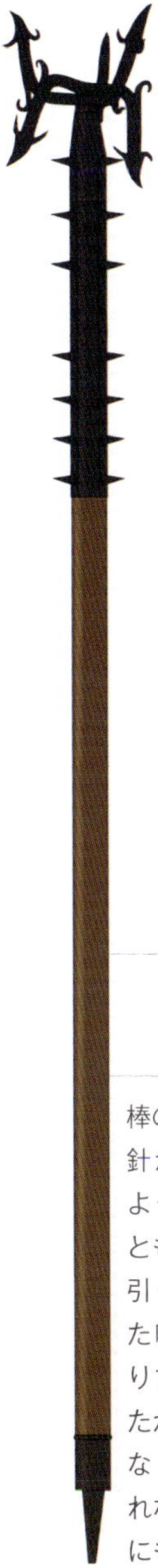

袖搦

Sodegarami

全長200～300cm
重量2～3kg
日本（14～19世紀）

棒の先端に、大きな釣針がいくつも付いたような長柄武器。もともとは水軍が、敵を引っかけたり、溺れた味方を引き上げたりするのに用いていたが、後に捕縛道具となった。相手に掴まれないよう、柄の部分にも棘が並んでいる。

刺叉

Sasumata

全長250～300cm
重量2～2.5kg
日本（14世紀～現在）

二又に分かれた頭部で、相手の首や腕などを押さえつける捕縛用の武器。江戸時代には奉行所や関所などに威嚇の意味を込めて飾られていた。使用頻度は低いものの、現在でも交番や小学校などに設置されている。

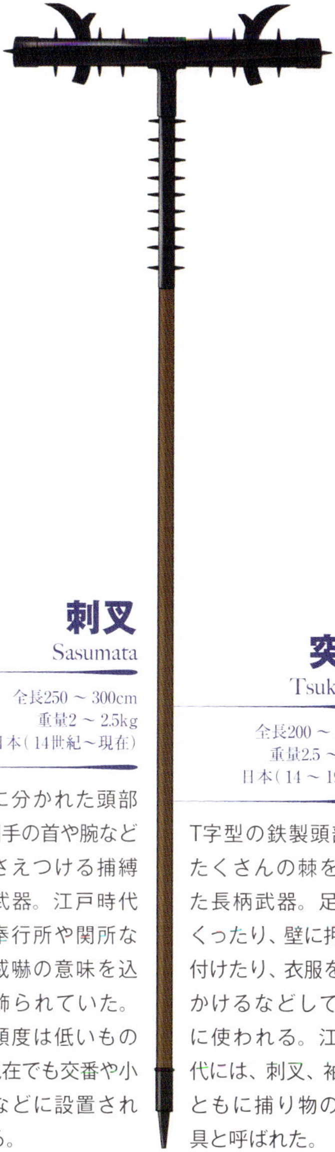

突棒

Tsukuboh

全長200～300cm
重量2.5～3.5kg
日本（14～19世紀）

T字型の鉄製頭部に、たくさんの棘を並べた長柄武器。足をすくったり、壁に押さえ付けたり、衣服を引っかけるなどして捕縛に使われる。江戸時代には、刺叉、袖搦とともに捕り物の三道具と呼ばれた。

ネアンデルタール人も愛用

ショートスピアー

Short spear　→P90

およそ40万年前から狩猟に使われていたと考えられる、刀剣よりもはるかに歴史のある武器である。比較的安価に製作できる上に、使うのにあまり訓練を必要としないため、雑兵の武器として長い間戦場の主役であり続けた。

ロンギヌスの槍とは、ホーリーランスあるいはスピアー・オブ・デスティニーとも呼ばれる、十字架上のイエス・キリストの脇腹を刺したスピアーである。これを所有するものには世界を制する力を与えられるといわれ、『**新世紀エヴァンゲリオン**』では最強の武器にこの名を冠している。

歩兵槍であるスピアーは雑兵の武器であり、一点物の名槍もなければ、個人技で他を圧倒するような使い手もおらぬ。『**DRAGON QUEST-ダイの大冒険-**』ヒュンケルは、鎧の魔槍というショートスピアーで誰よりも多くの魔物を屠ったが、本来はこうした華々しい活躍を期待できる武器ではない。

悪魔の槍

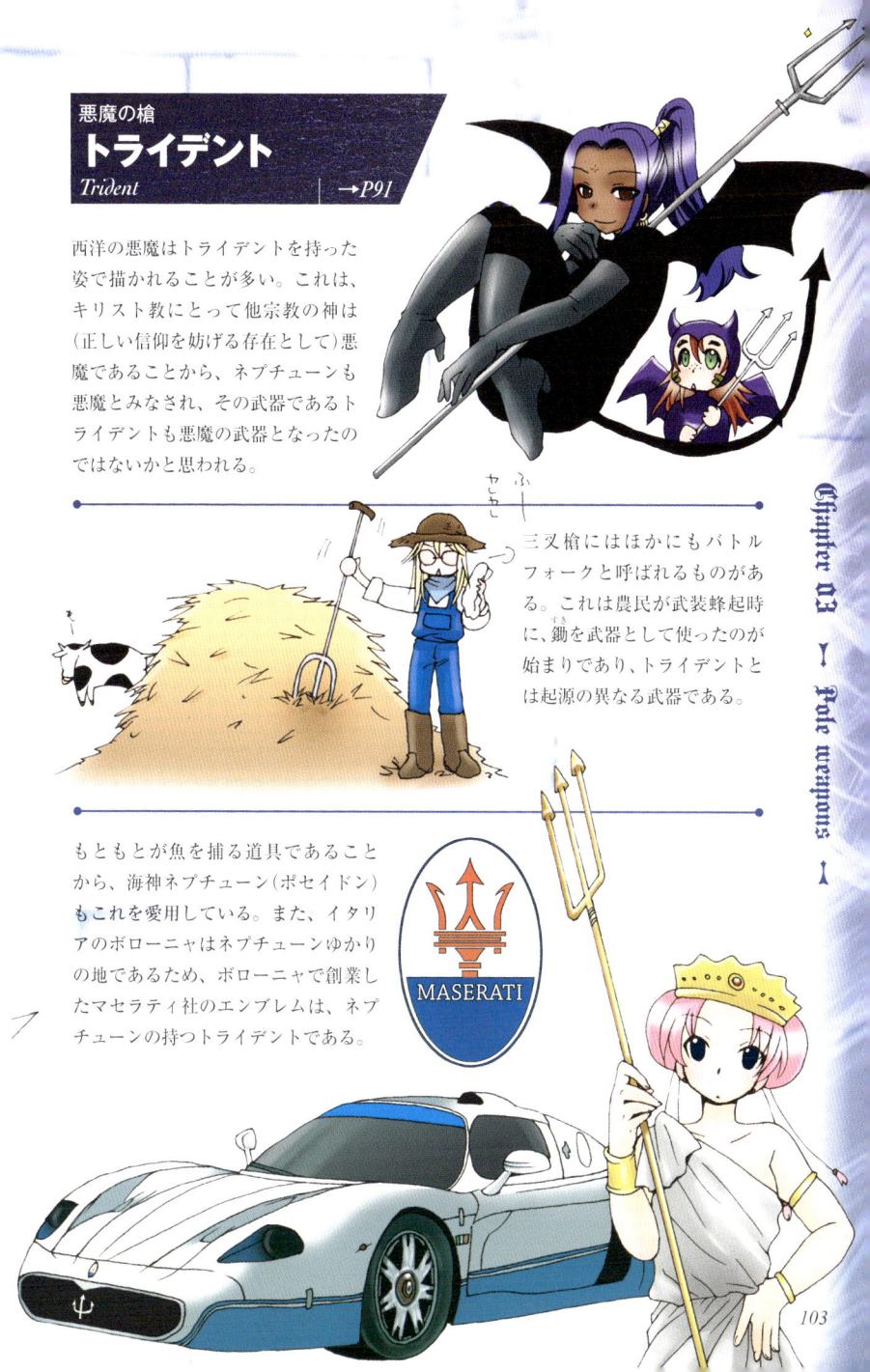

トライデント

Trident →P91

西洋の悪魔はトライデントを持った姿で描かれることが多い。これは、キリスト教にとって他宗教の神は(正しい信仰を妨げる存在として)悪魔であることから、ネプチューンも悪魔とみなされ、その武器であるトライデントも悪魔の武器となったのではないかと思われる。

三叉槍にはほかにもバトルフォークと呼ばれるものがある。これは農民が武装蜂起時に、鋤《すき》を武器として使ったのが始まりであり、トライデントとは起源の異なる武器である。

もともとが魚を捕る道具であることから、海神ネプチューン(ポセイドン)もこれを愛用している。また、イタリアのボローニャはネプチューンゆかりの地であるため、ボローニャで創業したマセラティ社のエンブレムは、ネプチューンの持つトライデントである。

騎士の誇り

ランス

Lance

→P93

ランスを構えた重騎兵による突撃をランスチャージといい、その高い突進力で歩兵の隊列を容易に崩す。しかし、ランスは馬具で固定し馬と一体化しているからこそ、突進の衝撃を穂先に乗せることができるのであって、『**魔界村**』アーサーのように手持ちで扱う武器ではない。

広義のランスは騎兵槍全般を指し、特に東欧ではロングスピアーに鍔をつけたようなシンプルな形状のランスが用いられた。こうした東欧のランスは汎用性が高かったためか、コサック兵などにより第一次世界大戦まで使われていたようだ。

典型的な形のランスは、むしろ模擬戦である馬上槍試合《トーナメント》で見られる。これは次第にルールが整備され、防具も頑丈になっていったが、それでも死者の出る危険なものであった。14世紀のイギリスが舞台である『**ROCK YOU！**』では、平民の分際でトーナメントに参加した偽貴族ウィリアムの活躍を見ることができる。

『ONE PIECE』では、空島においてガン・フォールとスカイライダー・シュラが、互いに怪鳥にまたがりランスで戦った。ガン・フォールは板金鎧をランスで貫かれていたが、これも鳥の突進力を活かしたランスチャージといえよう。

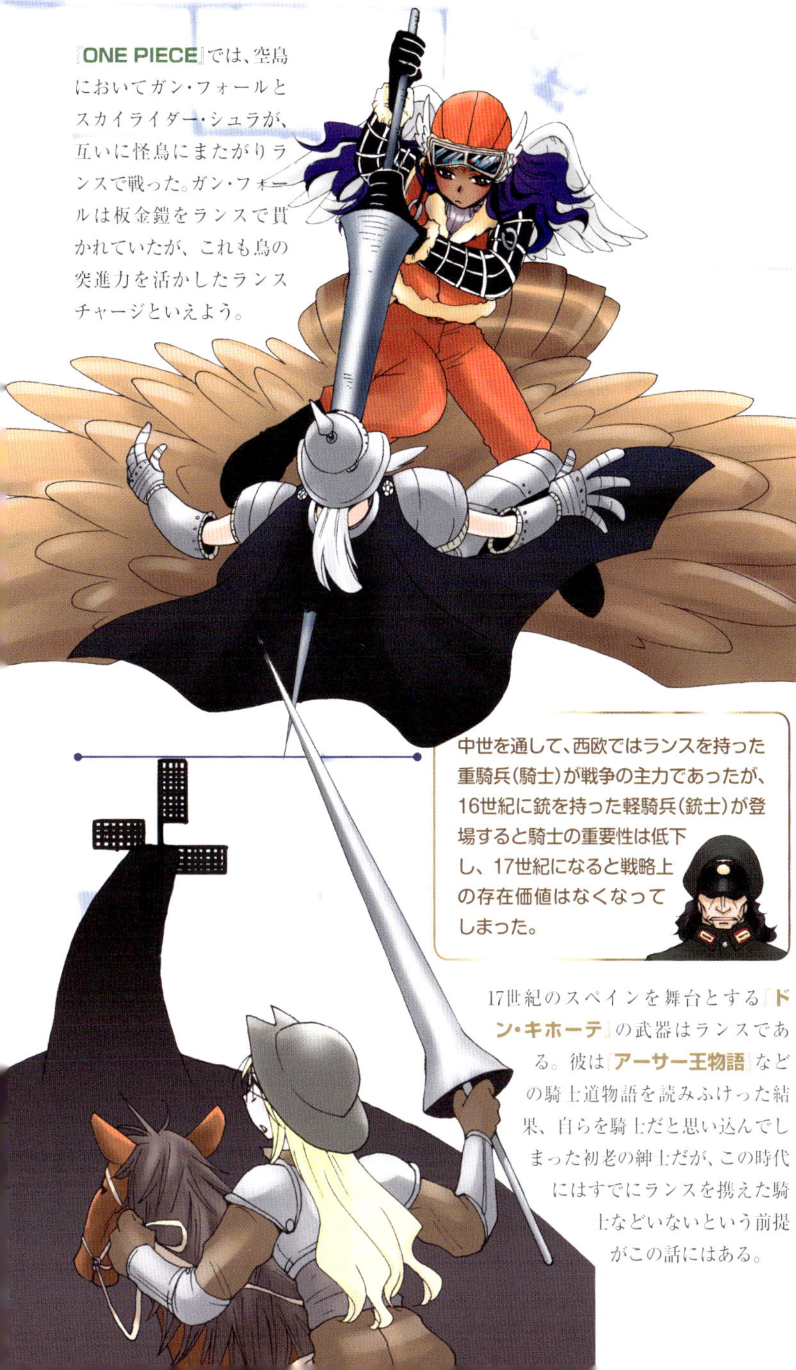

中世を通して、西欧ではランスを持った重騎兵（騎士）が戦争の主力であったが、16世紀に銃を持った軽騎兵（銃士）が登場すると騎士の重要性は低下し、17世紀になると戦略上の存在価値はなくなってしまった。

17世紀のスペインを舞台とする『ドン・キホーテ』の武器はランスである。彼は『アーサー王物語』などの騎士道物語を読みふけった結果、自らを騎士だと思い込んでしまった初老の紳士だが、この時代にはすでにランスを携えた騎士などいないという前提がこの話にはある。

大きさは強さ！

バルディッシュ

Bardiche, Berdysh →P96

『**ベルセルク**』の中ではかなりまともな人物である、チューダー帝国のボスコーン将軍は、騎兵用のやや斧頭の小さいバルディッシュを使用していた。彼はバルディッシュを片手で振り回し、ガッツの剣を叩き折ったが、ゾッドに剣を貸与されたガッツによって首を落とされている。

斧頭の先端は柄から大きく突き出しているため、刺突もできるが、重量バランス的に使いこなすのは非常に困難であろう。一方、重量を活かした斬撃の威力は凄まじく、馬を両断できるともいわれ、その破壊力ゆえに法王庁から使用を禁止されたという胡散臭い話まである。

『**魔法少女リリカルなのは**』フェイト・テスタロッサのインテリジェントデバイスは、バルディッシュという銘を持つ。これは斧状ではあるが、斧頭が小さく、バルディッシュとしては小ぶりな部類だ。彼女のバルディッシュは斧をベースとし、鎌や槍、大剣状の光刃を作り出すこともでき、汎用性が高い。

日本の納屋ではまず見ない

サイズ

Scythe

→P94

死神の多くは命を刈り取るために大鎌を使用する。死神の持つ大鎌も一般的な鎌と同じ形状だが、これを特に“death scythe（死の大鎌）”と呼ぶことも多い。『**新機動戦記ガンダムW**』ガンダムデスサイズの武器は、ビームサイズという名のデスサイズである。

『**HUNTER×HUNTER**』カイトの念能力である気狂いピエロ《クレイジースロット》は9つの武器へと変化し、2番目の武器としてデスサイズが設定されている。カイトはこの武器により、自らの周囲360°を薙ぎ払う死神の円舞曲《サイレントワルツ》と呼ばれる技を使用可能だが、9つの中ではハズレの部類らしい。

『**DRAGON QUEST-ダイの大冒険-**』死神キルバーンは、死神の笛という銘のデスサイズを持っている。キルバーンはこれを振り回すようなことはせず、背後から忍び寄り首を刈るような使い方をしていた。ちなみに、この鎌は名前の通り笛でもある。

理に適った長さ

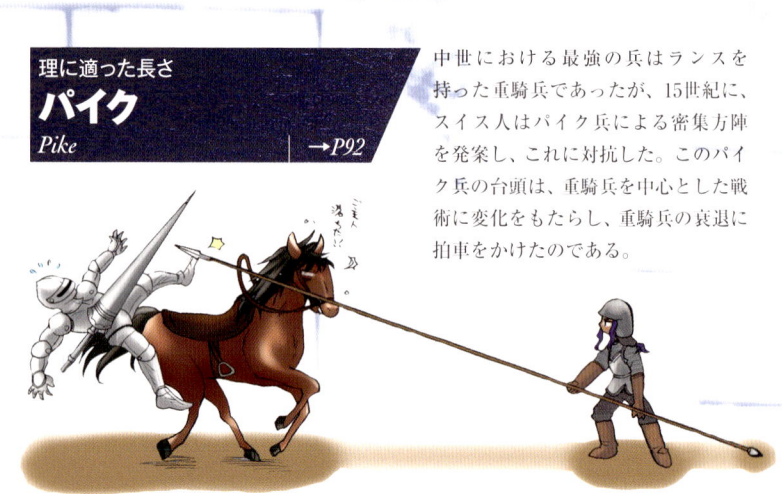

パイク

Pike

→P92

中世における最強の兵はランスを持った重騎兵であったが、15世紀に、スイス人はパイク兵による密集方陣を発案し、これに対抗した。このパイク兵の台頭は、重騎兵を中心とした戦術に変化をもたらし、重騎兵の衰退に拍車をかけたのである。

19世紀初頭にハワイを統一したカメハメハ大王は、精鋭部隊にパイクのような非常に長い槍を装備させていたことが知られる。彼がハワイを統一できたのは、イギリスから輸入した銃火器の力によるものであるが、この長槍による槍衾により、近接戦闘を好む他の部族を寄せつけずに射撃を行えたのかもしれない。

パイク兵の密集方陣は移動式の防御壁のようなものであり、銃兵を守るためにも有効であった。しかし、銃の連射速度が上がり、銃剣の発明によって銃兵が近接戦闘もこなせるようになると、パイク兵の防御を必要としなくなったのである。

やっぱ、ダブルブレードでしょ

バトルアックス（戦斧）

Battle axe →P97

『**冒険王ビィト**』ゼノン騎士団・ブルザームは、ボルティックアックスという才牙を持つ。これはビィトに受け継がれたが、ビィトには重過ぎるため、斧に振り回されがちである。しかし威力は凄まじく、扱いづらいが当たればデカイという斧の典型といえよう。

ドワーフといえば、背は低いが体は頑強というのがテーブルトークRPGの常識であり、『**ロードス島戦記**』ギムがその典型であろう。彼らは柄が短く斧頭の大きいバトルアックスを好み、身長の低さも手伝って、腕力の強さを強調することに成功している。

『**新世紀エヴァンゲリオン**』はスマッシュホークという、高周波ブレードを備えた斧を使用したことがある。高周波ブレードとは、電圧をかけることにより刃が高周波震動し、接触した物質を分子レベルで離断するものであり、いわゆる刃物ではない。

高性能な多機能斧

ハルバード

Halberd

→P95

ハルバードはスイスで生まれの、“halm（棒）”と“berte（斧）”を合わせた武器である。似たような武器にイギリス生まれのビルがあり、こちらは農具をベースに発達した引き倒し用の鈎であるが、多機能化が進んだ結果として、ハルバードに近い形状のものも現れた。

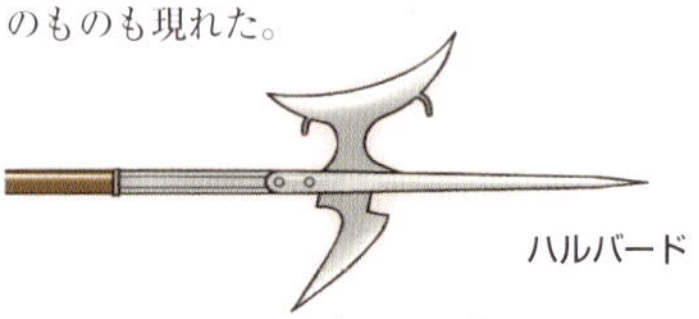

ハルバード

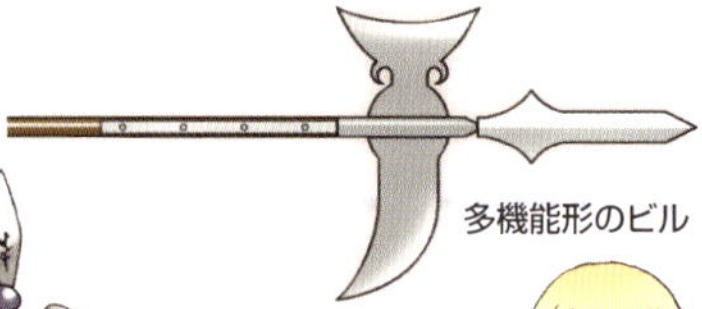

多機能形のビル

『Tales of Destiny 2』ロニ・デュナミス愛用の武器もハルバードである。彼の秘奥義「震天裂空斬光旋風滅砕神罰割殺撃」は技名が長いことで有名であるが、こういうのは我輩も嫌いではない。余談だが、もし武器の能力を単純に数値化するとしたら、我輩はハルバードが最高値であると思う。もちろんデッキブラシなど問題外である。

『幻想水滸伝Ⅲ』ジョー軍曹は、翼状の前肢で重量のあるハルバードを振り回していた。また、ローレライは毎回武器を持ち替えているが、『Ⅱ』では細身のハルバードを鎌のように使っている。

矛盾とかいうね

矛

Boh

→P98

日本に矛が伝わったのは3世紀であり、14世紀くらいまでは戦場で使われておった。しかし、薙刀や長巻、そして槍の登場により、戦国時代にはすでにその姿を消していたようだ。

張飛をモデルとする『**水滸伝**』豹子頭林沖の得物は蛇矛だ。しかし、中国と国交のない時代に描かれた横山光輝版では、蛇矛の形状が知られていなかったため、得物は棍となっている。ちなみに、蛇矛の読みは「じゃぼう」と「だぼう」の二通りあるが、中国語の読みは「シェーマオ」に近く、どちらが正しいということもない。

『**三国志演義**』では張飛翼徳が蛇矛を使用している。蛇矛は刀身が蛇のようにうねっていることからの命名であるが、その効果は斬りつけたときの傷口を広げ治りづらくするという、フランベルジェに通ずるものだ。しかし、蛇矛が生み出されたのは14～15世紀のことであるから、張飛の時代(2～3世紀)にあったとすればオーパーツである。

こんな重いの持てません

偃月刀

Engetsutoh

→P99

『水滸伝』大刀関勝は関羽の子孫とされ、大刀を得物とする。大刀とは長い柄に大型の刀身を持った長柄武器の総称であり、偃月刀や眉尖刀が含まれるが、関勝が持っていたのはもちろん青龍偃月刀である。

偃月刀は大刀の中で最も重く、重量があり過ぎるため実際の戦闘で使える者はほとんどいなかったようである。『銀河戦国群雄伝ライ』においても大五丈皇帝・骸羅や、西羌王・秦宮括など、使用者はかなり膂力の強い者に限られておる。

偃月刀といえば、『三国志演義』関羽雲長の青龍偃月刀が有名である。これは青龍の細工が施された重さ81斤(約40kg)の偃月刀であり、死後は息子の関興の手に渡っている。ただし、偃月刀が生み出されたのは10世紀のことであるから、関羽の時代(2～3世紀)にあったとすればオーパーツである。

中国版のハルバード

方天戟

Hohtengeki

→P99

『**水滸伝**』でも、呂布に傾倒している小温侯呂方および、そのライバルである賽仁貴郭盛が方天画戟を愛用している。武具や馬を赤で統一した呂方と白で統一した郭盛は、宋江の親衛隊として常に行動を共にした。

月牙が片側しかない方天戟を青龍戟あるいは戟刀という。『**三国志演義**』最強の武人である呂布奉先の得物はこの青龍戟だが、彼のものは特に方天画戟と呼ぶ。方天戟が現れたのは10世紀のことであるから、呂布の時代（2～3世紀）にあったとすればこれもオーパーツである。

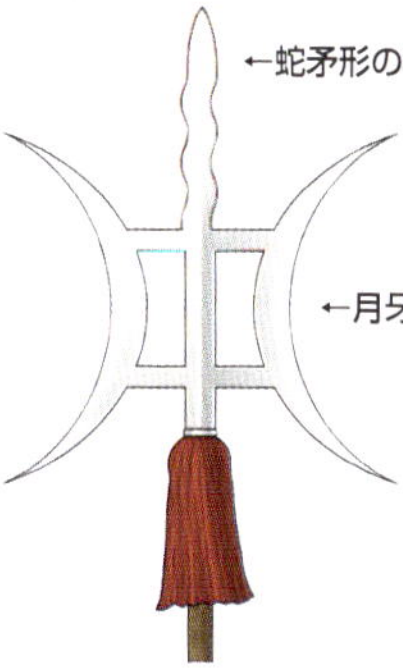

名前に戟という字を持つが戟の発展形ではなく、矛の両側に月牙と呼ばれる三日月形の刃を取りつけたものである。これにより、戟よりもさらに多彩な攻撃を繰り出すことができるようになった。中には穂先が蛇矛のように波打ったものもある。

バリエーションが豊富

槍

Yari

→P100

戦国時代には長柄槍を装備した足軽部隊が流行し、従来の個人主義的な戦闘から本格的な集団戦闘へと移り変わっている。この長柄槍の運用方法はパイクに似ており、敵の頭に柄を叩きつける、石突を地面に付けて槍衾《やりぶすま》を作る、腰だめに構えて整然と突進するといった使い方が主であった。

日本で槍が使われ始めたのは意外に遅く、1335年に菊池武重の軍勢が竹に短刀を縛りつけて使ったのが最初だといわれる。これが戦果を上げたため、この後の戦国時代では槍が戦争の主役となったのである。このような短刀型の穂先を持った槍は、菊池槍あるいは筑紫槍と呼ばれている。

鎌槍とは槍穂の根元近くに鎌型の突起を設けたものである。両側に突起のある十文字型の鎌槍は十文字槍とも呼ばれ、宝蔵院流槍術ではこれを使う。『**バガボンド**』では宝蔵院流の二代目院主となる胤舜が十文字槍を使い、宮本武蔵と2回の対戦を行い、引き分けている。

矛と槍の違いは、柄と穂先の取りつけ方法にある。矛はソケット型の穂先を柄に被せて固定し、槍は茎《なかご》を持った穂先を柄に差し込んで固定する。槍のほうが衝撃に強く先の鋭い穂先を作りやすいため、槍と交代するように矛は姿を消した。

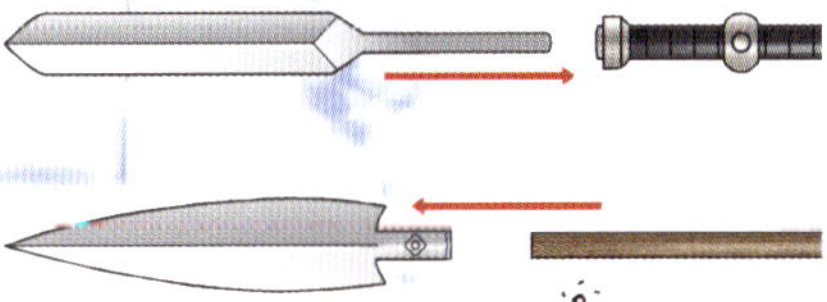

刃長が70cmを超える槍を大身槍と呼ぶ。これは柄が短いわりに非常に重く、使いこなすことができるのは一部の身体能力の高い者に限られた。黒田藩の母里太兵衛が、福島正則から酒で呑み取ったことで有名な日本号は、刃長79.2cmの現存する大身槍である。

『魁!!男塾』覇極流槍術の使い手である伊達臣人は、伸縮自在の如意棍槍を持つ。これは片鎌が前方に伸びた片鎌槍の変形であったが、後に両鎌の三叉槍となった。民明書房の資料によればこれは蛇轍槍《じゃてつそう》といい、室町時代後期の達人・逸見鉄山が十節棍に改良を加えた変幻自在の仕掛槍である。

槍より古い時代の長柄武器

薙刀（長刀）

Naginata

→P100

武蔵坊弁慶の愛用する薙刀は銘を岩融《いわとおし》という。これは刃長3尺5寸（約105cm）の大薙刀である。彼は五条大橋で刀狩りをしていたが、町中にいるのはせいぜい太刀を持った相手であろうから、薙刀で勝負を挑めば999本の刀を集めるのもそう難しいことではなかったと思われる。

薙刀術を女性が嗜むようになったのは江戸時代のことであり、明治維新後、大正時代以降になってようやく薙刀術は女性のものという風潮が現れた。太正（≒大正）に生きる『**サクラ大戦**』神崎すみれの得意な武器も薙刀であるが、彼女の光武は薙刀というよりヴォウジェやグレイヴのような武器を装備している。

薙刀は戦場において、刀よりも遥かに使える武器である。そのため鎌倉時代末から室町時代までは戦場の主役であったが、戦国時代になるとさらに使える槍に取って代わられた。

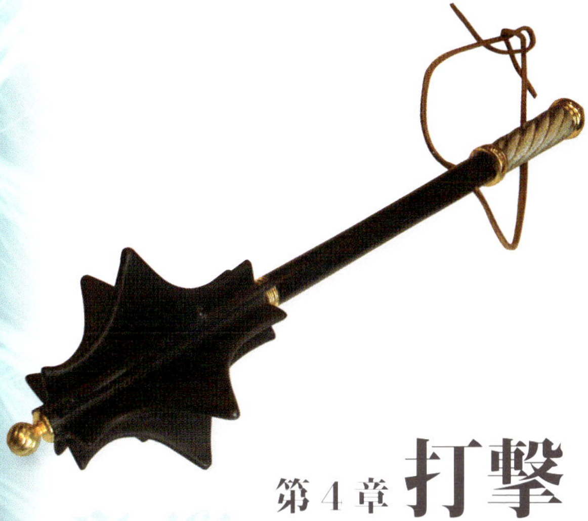

第4章 打撃

Striking weapons

Striking weapons編
レンレン
打撃武器とは何か
説明してみろ
まったく…
戦場だから
帽子と髪の毛で
済んだものの…
ふおおおおお
打撃武器は
殴ることに特化した
武器アルな
切断や刺突を
するものは
打撃武器とは
いわないアル
ウォーハンマーは
一般的には長柄武器だが
ここでは木槌などを含む
広義のハンマーとして
打撃武器に入れている
打撃武器のいい所は
一撃が重いため
防御が難しい
ことアル
長所は
破壊力か？
アイテムごと
潰れて
ないか…？
10t
ゴシャリッ!

鎧にはバイクのヘルメット的なぶ厚い緩衝材は無いアルから刃物には強くても打撃武器には弱いアル
ヒドイ…
ううう…
鎧を着てると視界が狭いし動きも鈍いから当たりやすいのかしら
鎧の外側の傷は大したことなくても中はぐちゃぐちゃなんてことも…
にゃー!!!?
かぽっ
短所は軽いと威力が低く重いと扱いが難しいことアルか？
…まぁガマンできないこともない…
攻撃パターンが単調になりがちでもあるな
あ、また…
ゴツッ!
あ…
それでは、打撃武器を見ていくアルよー♡
殺気がないから気付かないとか…？
ドドドドドド
コラー!!
大佐殿は本当に強いのか…？

スタッフ →p.127
Staff

全長180 ～ 300cm
重量0.8 ～ 1.2kg
ヨーロッパ（10 ～ 16世紀）

杖や棒を指す最も一般的な言葉は「ステッキ（stick）」であるが、スタッフもほぼ同じ意味であり、杖や棒の総称として使われる。武器としてはやや太めの長い棒を指し、中国でいう棍がこれに相当する。

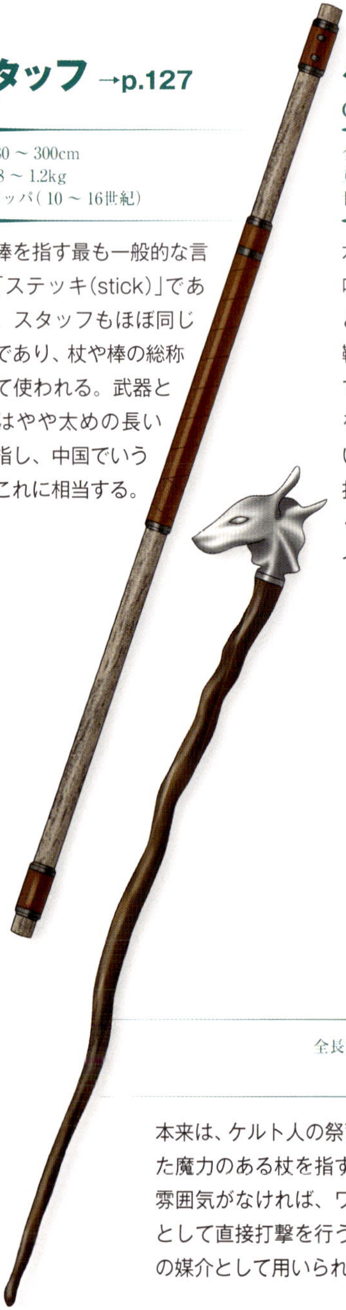

ケイン →p.129
Cane

全長100 ～ 150cm
重量0.4 ～ 0.6kg
世界各地（年代不明）

本来は植物の籐（とう）の意味だが、籐製の杖や鞭のことも指す。武器としては、鞭打ち用の棒鞭が有名で、これは歩行用の杖を使った杖術でも用いられる。ケインで打擲（ちょうちゃく）することはケイニングという。

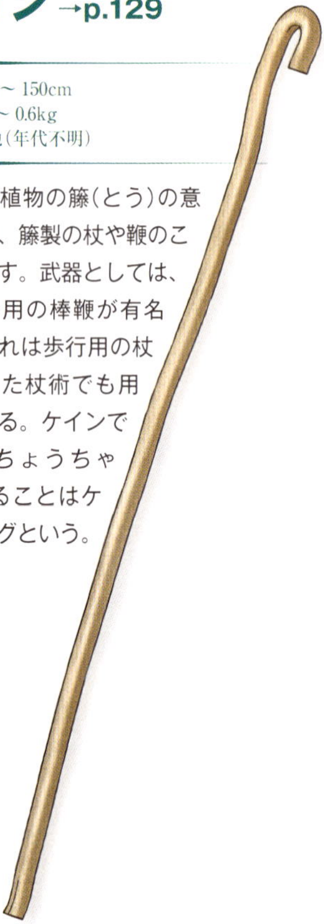

ワンド →p.128
Wand

全長100 ～ 200cm　重量0.4 ～ 0.8kg
ヨーロッパ（年代不明）

本来は、ケルト人の祭司である、ドルイドの用いた魔力のある杖を指す。そのため、魔力を宿す雰囲気がなければ、ワンドとは呼ばない。武器として直接打撃を行うのには適さず、魔法発動の媒介として用いられることが多い。

ロッド →p.130

Rod

全長30～60cm　重量0.1～0.2kg
世界各地（年代不明）

もとは地面に突き立てる竿（ポール）を指す言葉であったが、後に竿だけでなく細い棒も指すようになった。武器としては、よくしなる小枝状の棒鞭が知られ、日本でも戦前には教鞭として使われていた。

メイス（槌矛） →p.132

Mace

全長30～80cm　重量1.5～3kg
世界各地（紀元前14～紀元17世紀）

柄の先端に重量のある頭部を付けた打撃武器。片手用のものが多い。木製の柄に金属製の頭部が一般的だが、金属製の柄や石製の頭部を持つものもある。棍棒の発展形であるため、世界各地で同じような武器が見られる。

ウイップ（鞭） →p.131

Whip

全長100～800cm　重量0.2～1kg
世界各地（年代不明）

細長い紐状の武器であり、痛みは強いが、死に至ることはまずないため、罪人や奴隷などを懲罰的な意味合いで打つのに用いられてきた。戦闘用としてはあまり役に立たず、軍隊などでは採用されてない。

フレイル
Flail

全長30 ～ 200cm
重量1 ～ 3.5kg
ヨーロッパ(12 ～ 20世紀)

柄と打撃用の頭部を鎖で繋いだもので、振り回して叩きつけることにより打撃効果が高まる。頭部には短い棒や金属球が使われ、複数の頭部を持つものもある。騎兵は柄の短いものを、歩兵は長いものを使った。

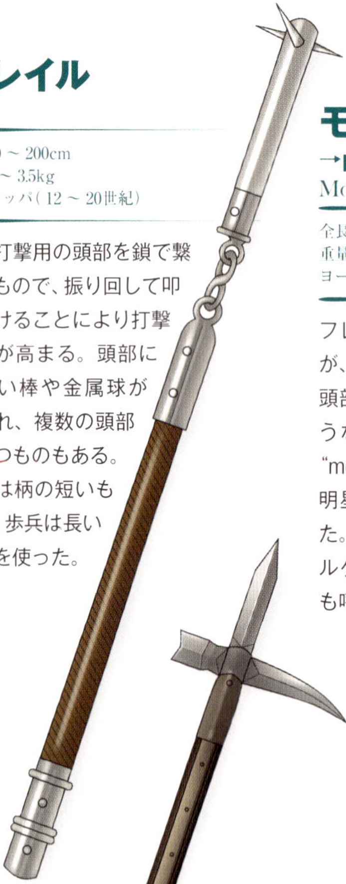

モーニングスター →p.133
Morning star

全長50 ～ 80cm
重量2 ～ 2.5kg
ヨーロッパ(13 ～ 17世紀)

フレイル型のものが有名だが、もともとはメイス型。頭部が光り輝く金星のような姿であることから“morning star(明けの明星)”と名づけられた。ドイツ語風にモルゲンステルンとも呼ばれる。

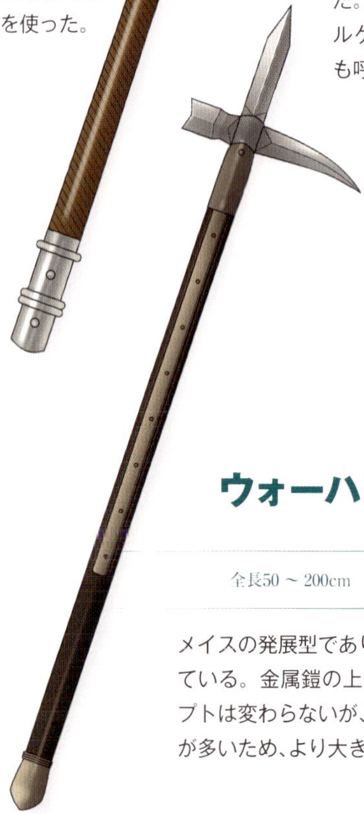

ウォーハンマー（戦槌） →p.134
War hammer

全長50 ～ 200cm　重量1.5 ～ 4.5kg　ヨーロッパ(13 ～ 17世紀)

メイスの発展型であり、金槌を大きくしたような形状をしている。金属鎧の上からダメージを与えるというコンセプトは変わらないが、メイスよりも重く、両手で扱うものが多いため、より大きなダメージを与えることができる。

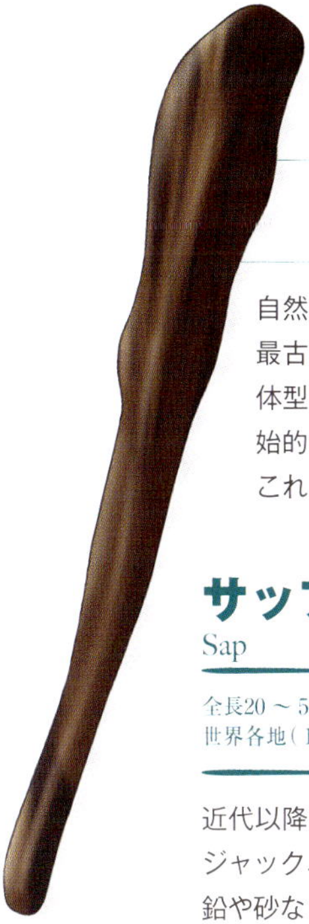

クラブ(棍棒) →p.126

Club

全長40 ~ 70cm　重量0.8 ~ 1.5kg
世界各地(年代不明)

自然の素材を活かした単純な鈍器であり、人類最古の武器と考えられている。柄と打撃面が一体型のものが多く、普通は片手で使用する。原始的であるため、戦争で用いるには心もとなく、これをベースに様々な武器が考案された。

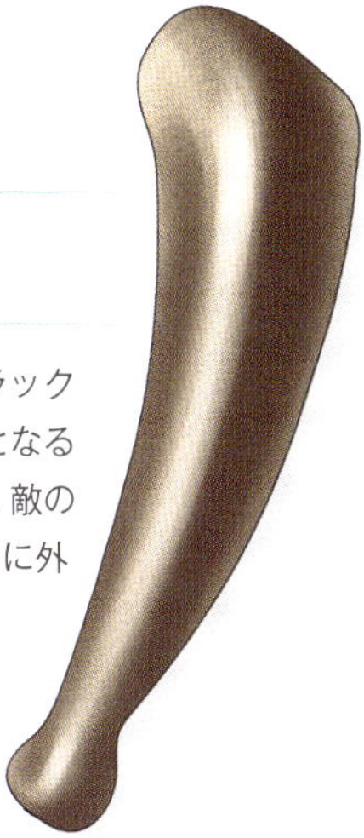

サップ

Sap

全長20 ~ 50cm　重量0.3 ~ 0.5kg
世界各地(19世紀~現在)

近代以降に作られた短棍棒の総称で、ブラックジャック、スラッパーなどもこの一種。芯となる鉛や砂などを、革や布で覆ったものが多く、敵の抵抗力を奪う目的で使われる。威力のわりに外傷は少ないのが特徴。

ジャダグナ

Jadagna

全長50 ~ 70cm　重量0.7 ~ 1.5kg
北アメリカ(17 ~ 20世紀)

ネイティブアメリカンの使う棍棒。頭部が球状であることから"ball headed club(球頭棍棒)"とも呼ばれる。独立した柄と球頭部を革でくるみ、球頭部が可動するフレイルタイプも存在する。

棍 →p.135

Kon

全長110 ~ 300cm
重量0.7 ~ 2kg
アジア(年代不明)

堅い木を握りやすく加工した棒で、西洋でいうスタッフに相当する。槍などの柄よりも太く作られることが多い。棍を使った棍術はあらゆる武器の基礎となる動作を含むため、中国には「棍を根となす」という言葉もある。

多節棍 →p.136

Tasetsukon

全長80 ~ 200cm　重量0.5 ~ 2kg
中国(紀元前8 ~紀元20世紀)

中国版のフレイルだが、ヨーロッパより遥かに古くから存在する。ただし、紀元前2世紀には一旦使われなくなっており、12 ~ 13世紀に再び脚光を浴びたのは、フレイルが登場したことによる影響と考えられる。

錘 →p.138

Sui

全長60 ~ 80cm
重量0.8 ~ 2kg
中国(10 ~ 20世紀)

球形の頭部を持つ中国版のメイス。錘とはおもりを意味する。柄は基本的に木製だが、頭部は木製、金属製、木を鉄板で覆ったものがある。瓜(ウリ)のような頭部の形から、瓜(か)とも呼ばれる。

トンファー →p.137

Tonfa

全長40 ～ 60cm
重量0.4 ～ 0.8kg
琉球（15世紀～現在）

防御を重視した武器であり、刀の打ち込みを受けることもできる。基本的には2本1組で、両手に持って戦う。棒部分が体の外側に来るように柄を握り、突きや肘打ちを出したり、握りを回転させて遠心力で叩くように使う。

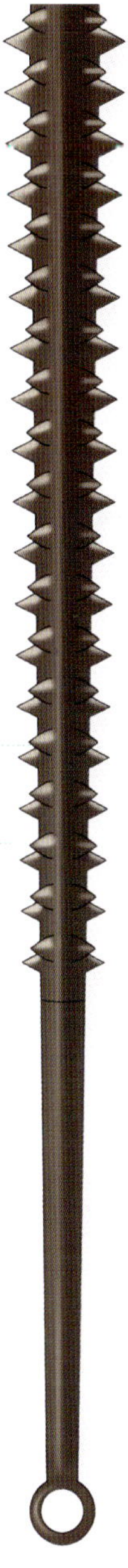

金砕棒 →p.139

Kanasaiboh

全長150 ～ 360cm　重量3 ～ 6kg
日本（12 ～ 16世紀）

木の棒に鉄を巻きつけた棍棒であり、南北朝時代に全盛を迎えた。威力は抜群であるが、重いため使う者が限られ、集団戦闘にも向かないことから、戦国時代になると姿を消している。一般的には金棒と呼ばれる。

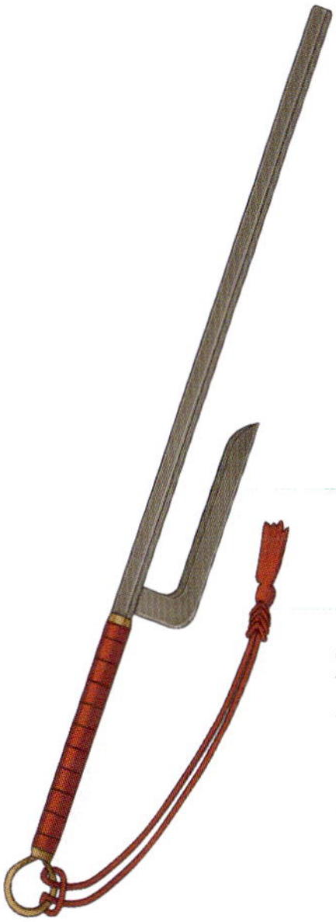

十手 →p.140

Jitte

全長25 ～ 70cm　重量0.5 ～ 1.2kg
日本（15 ～ 19世紀）

室町時代中期から警棒として使われた。やや短めの鉄棒に鈎（太刀もぎ）のついたものが一般的で、2本の隙間に相手の刀を挟んで絡め取る。鈎のないものや、鈎を2本持つタイプも存在する。

人類最古の武器？

クラブ（棍棒）

Club

→P123

棍棒は恐らく人類が初めて手にした武器であり、『2001年宇宙の旅』ではモノリスに進化を促された猿人が最初に使う道具として、骨製の棍棒を描いている。そして、猿人が骨を空に放り投げると場面が一転し、それが軍事衛星に変貌する様子は、ヒトの作るすべての道具は棍棒の延長に過ぎないといっているようである。

『チキチキマシン猛レース』でガンセキオープンを操縦するのは、トンチキとタメゴローである。彼らの武器は木の素材を活かした棍棒であり、これで車体を叩くことによって速度を上げたり、近場の岩を叩いて車体を削り出すといった使い方をしていた。

『ギリシャ神話』最大の英雄であるヘラクレスは、愛用の棍棒でライオンやヒュドラと戦っている。棍棒は力任せに粉砕する武器であり、野蛮なイメージがあるためか、ギリシア神話では力自慢で知性に欠ける巨人の武器として使われることも多い。

ただの棒？

スタッフ

Staff →P120

『十戒』でモーゼの持つ杖は“Staff of Moses（モーゼの杖）”と呼ばれる。この杖はヘビに姿を変えたり、紅海を割ったりと、ワンド（魔法の杖）のような使われ方をした。しかし、これらの奇跡はすべて神の御業であり、杖自体に魔力を秘めているわけではないため、スタッフ（単なる杖）なのであろう。

『ロード・オブ・ザ・リング』ガンダルフの杖も、普通はスタッフと呼ばれる。ただし、ガンダルフの名前の由来は「ワンドを持ったエルフ（wand＋elf）」であり、彼は魔法使い《イスタリ》でもあるため、実質的にはワンドであろう。

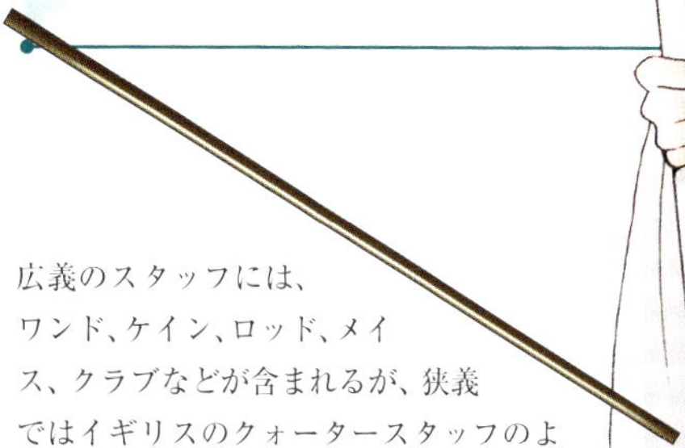

広義のスタッフには、ワンド、ケイン、ロッド、メイス、クラブなどが含まれるが、狭義ではイギリスのクォータースタッフのような棍を指す。こうしたシンプルなスタッフは、製造コストが低く誰にでも扱えるため、過去に多くの軍隊で採用されている。

魔法の杖

ワンド

Wand

→P120

ワンドを使っていたドルイドとは、ケルト人社会で超常的な儀式を行っていた祭司である。彼らはオークに寄生するツル植物(ヤドリギ)を神聖視していたことから、ワンドはオークで作られたものが多い。ちなみに、『**ハリー・ポッター**』のワンドもオーク製のシンプルなものである。

『**魔法先生ネギま!**』ネギ・スプリングフィールドの杖は典型的なワンドの形態をしている。このように自然の木をそのまま活かしたワンドが多いのは、妖精は金属を恐れるという伝承や、ドルイドたちが植物に特別な力を感じていたことと関係があるのであろう。

『**魔法少女リリカルなのは**』のレイジングハートは、ワンドをベースにしたインテリジェントデバイスである。そのため、斧、剣、槌などをベースにした他のデバイスと異なり、レイジングハートはほとんど物理攻撃をせず、呪文攻撃に徹している。

籐の棒鞭

ケイン

Cane

→P120

『魁!!男塾』男爵ディーノは、当初は猛獣使いといった風貌で棘殺怒流鞭《きょくさつどるべん》という紐鞭を使っていたが、後に地獄の魔術師《ヘルズマジシャン》に転職し、奇跡の杖《ミラクルケイン》(折った槍を口にくわえて槍に刺さった振りをする)という技を披露した。ちなみに、奇術師の使うステッキもケインと呼ぶ。

『WIZARDRY 7&8』の最強武器であるCane of Corpus(死者の杖?)は短い棒状のケインである。軽いため攻撃回数が多く確かに強いが、フェアリー忍者専用の呪われた武器であるためか、あまり人気のある武器ではないようだ。

『仮面ライダー BLACK RX』のリボルケインは、伸縮自在で紐鞭のようにも使える光剣だ。剣状のケインは珍しいが、竹刀も英語で“singapore cane”と呼ぶことがある。これはシンガポールで鞭打ち刑に使う籐《とう》の棒鞭に似ていることからの命名のようだ。

しなる竿

ロッド

Rod

→P121

ロッドには「しなる竿」あるいは「鞭打ちに使う小枝」という意味がある。ただし同じ鞭でも、『**機動戦士ガンダム**』グフや『**新機動戦記ガンダムW**』ガンダムエピオンのヒートロッドのような紐鞭は、一般的にロッドとは呼ばれないようだ。

『**DRAGON QUEST-ダイの大冒険-**』

ポップは、バーンの城に乗り込むにあたり、ロン・ベルクからブラックロッドを贈られた。これは魔力を注ぐことにより攻撃力を増し伸縮する棒であるが、かなりしなる描写があり、ロッドらしい武器だといえる。

『**ドルアーガの塔**』において、ドルアーガを封印する力を持つブルークリスタルロッドは青い宝玉を頂いたロッドである。これはそもそも武器ではないが、こうした形状のものをファンタジー世界ではロッドと呼び、打撃武器として用いることも多い。しかし、これらは本来、メイスと呼ぶべきものである。

もっと強くお願いします
ウイップ（鞭）
Whip

→P121

中国で鞭《ベン》というと、金属製の警棒のようなものを指す。『水滸伝』双鞭呼延灼はその名の通り2本のベンを使う好漢だが、横山光輝版では紐状のムチを使っている。これも資料不足による誤解であろうが、呼延灼ならムチでも人が殺せそうだ。

鞭

『秘密戦隊ゴレンジャー』アカレンジャーの武器は、レッドビュートという鞭である。おそらく「ビュート」とは"beat（打つこと）"をもじった造語だが、レッドビュート の影響により日本では「ビュート＝鞭」という誤解が一部にある。『ファイナルファンタジーV』に登場するファイヤビュート（英語版では"Firebute Whip"）もレッドビュートの流れを汲む鞭であろう。

『究極!!変態仮面』の母親はSMクラブに勤務する鞭の使い手であり、変態仮面も母親仕込みの鞭を使うことがある。しかし、母親は職業柄、音は大きいがダメージの少ないバラ鞭を使うのに対し、変態仮面は悪人に「おしおき」するため、痛みの強い1本鞭を使っている。

聖職者の武器

メイス（槌矛）

Mace

→P121

10世紀になると、発達した金属鎧には刀剣でダメージを与えづらくなってきた。そのため打撃武器が見直され、メイスは中世のヨーロッパで全盛期を迎えたのである。しかし、銃の性能の向上に伴い兵の軽装化が進むと、金属鎧と共にメイスも廃れていった。

メイスは権力者の職杖として用いられることもある。東欧ではこれを特にブラワと呼び、宰相や元帥といった高官が所持していた。これらは装飾が施された球状の頭部を持ち、ファンタジー世界でロッドと呼ばれるものに近い形状である。

メイスは僧侶系（プリースト、クレリック、アコライトなど）の好む武器である。聖職者は人を傷つけることを禁じられているが、メイスならば「これは職杖である」といい逃れできるためであろう。また、斬って流血させる刃物より、血を流させない（可能性のある）鈍器のほうが神の教えに適うとする考え方もあるようだ。

えげつないヴィーナス

モーニングスター

Morning star →P122

『機動戦士ガンダム』はガンダムハンマーおよびハイパーハンマーという2種のモーニングスターを持ち、このうちハイパーハンマーは『∀ガンダム』にも発掘され、使用されている。しかし最強のモーニングスター使いMSといえば、射出系の山越えハンマーを装備したMS-X機体ガッシャをおいてほかになかろう。

『ドラゴンクエストシリーズ』中、最強の武器の一つである破壊の鉄球は、柄と鉄球を鎖で繋いだモーニングスターである。また、モンスター側にもモーニングスターの愛用者はおり、悪魔神官は聖職者らしくメイスタイプのものを、鉄球魔人は鎖の両端が鉄球になったものを使用している。

『キル・ビルVol.1』ゴーゴー夕張の操るゴーゴーボールは、フレイル形のモーニングスターである。これは『機動戦士ガンダム』のハイパーハンマーを基に開発されたという説もあったが、公式には『片腕カンフー対空とぶギロチン』で封神無忌の使っていた空とぶギロチンの改良版とされている。

打ち砕け！
ウォーハンマー（戦槌）
War hammer
→P122

黒木組に殴り込みをかける『**大工の源さん**』の木槌は、かなり重量バランスが悪いものの、ウォーハンマーであろう。実際の戦闘においても掛矢《かけや》という木槌は使われていたが、扉を打ち壊したり杭を打ち込むといった戦闘補助が主であり、対人兵器としてはほとんど用いられなかったようである。

『**北欧神話**』トールのミョルニルは、投げると敵を打ち砕いて手元に戻ってくるという投擲型のハンマーである。投擲型のハンマーというのは他に類を見ないが、その理由は、ハンマーは金属の使用量が多く、使い捨てるには原価が高いことと、形状的に遠くまで飛ばしづらいという理由によるものであろう。

『**勇者王ガオガイガー**』の武装であるゴルディオンハンマーは、相手を光子にして消滅させるウォーハンマーである。こうした巨大な槌頭を持つ形状は魅力的だが、ハンマーの頭部は同質量の斧や槍に比べると見た目が小さくなり、人力で振るうにはあまり大きなものは実用的ではない。

単なる棒ですが…

棍

Kon

→P124

『西遊記』孫悟空の武器は如意金箍棒《にょいきんこぼう》であり、重さは13,500斤（約6.8t）もあるという。『DRAGON BALL』孫悟空が少年時代に使っていた如意棒も、恐らくこれと同じものであろう。如意金箍棒は非常に重く、伸縮自在ではあるものの、使用方法は基本的に棍と同じである。

嵩山少林寺は武術の殿堂であるが、とりわけ棍術が有名である。少林寺の僧兵たちは、かつて倭寇の襲来に際し、18kgもの鉄棍を用いて活躍したことから武名を轟かせたという。また、少林寺の流れを汲む琉球古武術においても、「すべての武器は棍に通ず」といい、棍術を基本としている。

『龍虎の拳』Mr.ビッグは、和太鼓の撥《ばち》に似た短い片手棍を両手に持って戦う棒術使いである。両手に短棍を持って戦うスタイルは珍しいが、『ストリートファイター』イーグルも同じような武器を使っているため、西洋の警棒術から発展したものかもしれぬ。

扱い難しくね？

多節棍

Tasetsukon

→P124

最もよく知られる多節棍はヌンチャクであろう。これは『燃えよドラゴン』でブルース・リーが使ったことにより有名になったが、実は琉球古武術の武器である。ちなみに、ヌンチャクの原型である中国の双節棍は、実戦で使われた大型の多節棍だが、ヌンチャクほど小型になると厳密には多節棍とは呼ばないようだ。

裏の武芸を学んだ『闇の土鬼』の最も得意とする武器は七節棍である。これは普段は1本の棍であるが、中に鎖が通してあり、伸ばすと七節棍になる。こうしたギミックを持つ棍は実在するが、節をねじ回して繋げるタイプが多い。

『BLEACH』斑目一角の斬魄刀《ざんぱくとう》である鬼灯《ほおずき》丸《まる》は、先端に刃の付いた菊池槍タイプの二節棍である。ちなみに、三節以上の棍を使いこなすのは非常に困難であるため、実戦で使われることはほとんどなく、ましてや刃物のついたものなど扱えるものではない。

使い勝手がわかりません

トンファー

Tonfa

→P125

トンファーは、中国の拐《かい》が琉球に伝わって独自の進化を遂げたものであり、中国語の「柱拐(トンクワァ)」が転じたという説がある。拐とは長さ90 ～ 130cmの杖のようなもので、トンファー型以外にも、T字形、Y字形、L字形、十字形などがある。これは両手でも片手でも用い、握る箇所がいくつもあるため、相手の意表を突いた攻撃ができる。

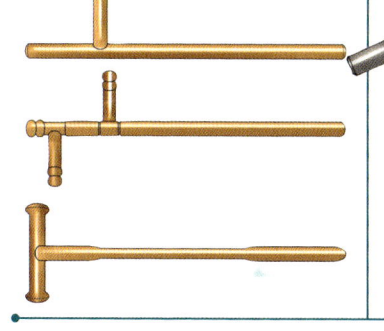

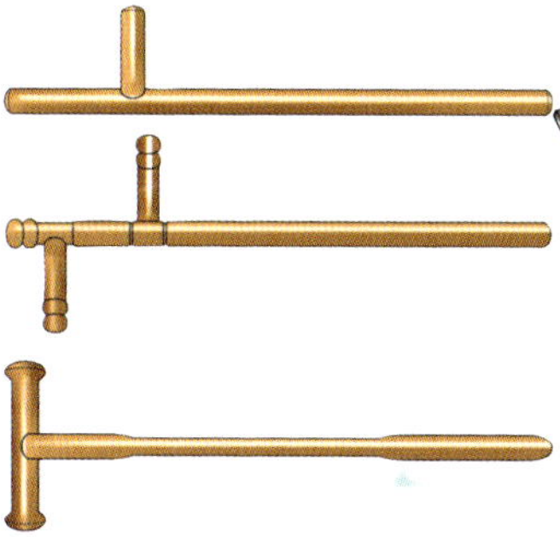

『一騎当千』甘寧興覇は刃物を仕込んだトンファー使いであり、甘寧に化けた馬謖幼常も使用していた。『三國無双』でも孫策伯符が旋棍《せんこん》という名のトンファーを使うが、2 ～ 3世紀の三国時代にはもちろんトンファーや拐など存在しない。

『蒼き流星SPTレイズナー』アルバトロ・ナル・エイジ・アスカは、数年の山籠りの末にトンファーを使った我流拳法を会得した人物だが、トンファーモナーもまた、トンファーキックやトンファータックルなどトンファーを用いた我流拳法の使い手である。

中国版のメイス

錘

Sui

→P124

広い意味での錘の一種として、骨朶《こつだ》という両手で使う長柄武器もある。また、頭部に突起を持つものもあり、蒺藜《しつれい》や狼牙《ろうが》棒《ぼう》は中国版のモーニングスターといえる。

狼牙棒

藜

『**銀河戦国群雄伝ライ**』では、鍊の武将である神楽が、鎖《くさり》鉄槌《てっつい》という双錘《そうすい》の柄を鎖で繋げたものを使用していた。これに似た武器は実在し、その名も流星錘《りゅうせいすい》という。流星錘は柄のない錘を縄の片端あるいは両端に結びつけたもので、鎖鉄槌と同じように縄を持って振り回し、投げつける武器である。

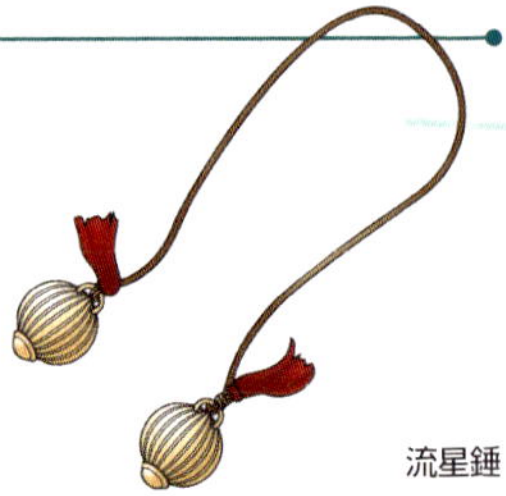

流星錘

2本セットで両手に持って戦う錘を双錘と呼び、清の軍隊で制式採用されたこともある。『**らんま1/2**』ではシャンプーが頭部の巨大な双錘を愛用しているが、あれだけの大きさのものを振り回せるということは、中が空洞になっているのであろう。もちろん、実際の錘は中までしっかり詰まっており、ずっしりと重い。

意外に実在します

金砕棒

Kanasaiboh

→P125

もともとはイチイなどの堅い木を削った、六角形か八角形の太い棒を金砕棒と呼んだが、後に鉄板を貼りつけて強化されたものが標準となった。一部の豪傑向けには、オール金属製の金砕棒も作られたが、かなり重いため、長さや太さを縮めて軽量化が図られている。

鬼に金棒というが、『**桃太郎**』でも鬼の武器として描かれている。鬼は非常識な力を持った存在であるため、常人には扱えない金棒がよく似合う。陰陽五行では鬼の属性が金であることから金棒を持つという説もあるが、刃物も金属であるため説得力に欠ける。

『**月華の剣士**』では、いかにも膂力のありそうな神崎十三が金砕棒を操り、人間を片手で頭上に放り投げ（ぶんナゲ）、落下して来たところを金砕棒で殴り飛ばす（ほぅむラン！）というモータルな技を使う。彼の金砕棒はすべて金属製のため、彼の身長よりも短く作られている。

御用だ！

十手

Jitte

→P125

『ストリートファイターZERO』ソドムはジッテを武器とする日本通のアメリカ人である。彼の十手には朱色の房紐が付いているが、本来これが許されるのは与力、同心であり、十手の長さについても役職ごとに決まりがある。ちなみに、岡っ引きは幕府と直接の雇用関係にないため、平時は十手を預けられてはいない。

鈎(太刀もぎ)の内側に刃のついた十手も存在するが、強度に難があるのか非常に稀である。『無限の住人』万次の持つ四道《しど》は、鈎だけでなく本体も刃になっておる十手状の武器であり、二刀一組で使用している。

『機動戦士ガンダム0083』ではGP01ゼフィランサスがビームジュッテを使用している。これはビームライフルの銃身の下から短いビームの刃を発生させるもので、十手というよりも、銃剣といった趣である。ちなみに、十手は「ジュッテ」ではなく「ジッテ」と読む。

第5章 射出・投擲

Missile weapons

Missile weapons編
ポロッ…
射出・投擲武器…つまり飛び道具だが
モルルン説明してみろ
はぁ～い
あぅあぅ
イタイーイタイー
矢や弾などを発射するのが射出武器で
武器自体を直接投げるのが投擲武器だよ
戦術の幅を広げるためには欠かせない武器だけど
卑怯な武器ってイメージもあるね
ガルルル
今日のーフロはーモルルンからー
顔も見えないような位置から攻撃するためね
加勢するわ…

あと、飛び道具は
非力ってイメージが
あるみたいだけど
ぬ――っ!
ひいッ!
いつの間にッ!?
実際にはロングボウや
クロスボウは
金属鎧も貫く
貫通力は
最強クラスだな
我が輩の
鋼の肉体を傷付けるのに
こんなか細い
吹き矢なぞ
全くもって
笑止千万!!
←あっ!
キャー!!
誰かタスケテ
誰か――!!!!!
長所は
一方的に攻撃を
当てられること
短所は
接近戦に
弱いこと
弾数の制約もあるな
武器を投げつくしたら
おしまいだ
使い捨て
だからお金も
かかるアル
不経済アル――
……
倍返し…!!
その通りだ
それでは
射出・投擲武器を
見ていく
今日からソレが
制服だ
他の服は処分して
おいてやったからな
ニヤリ
ククク…

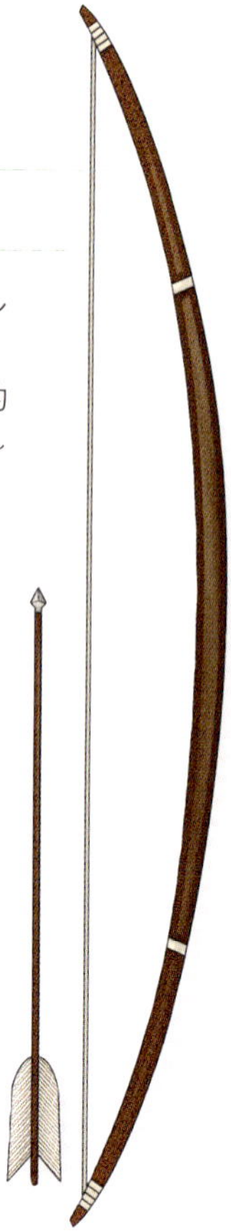

ロングボウ(長弓)→p.150 Long bow

全長120 〜 180cm　重量0.6 〜 0.8kg　ヨーロッパ(13 〜 16世紀)

その名の通り長い弓。狭義では、ウェールズで発祥した、イチイなどで作られた単弓(単一素材の弓)を指す。弦を引くのに非常に強い力が必要であり、90ポンド(約40kg)以上の力を要するものが多い。最大射程90 〜 300m。

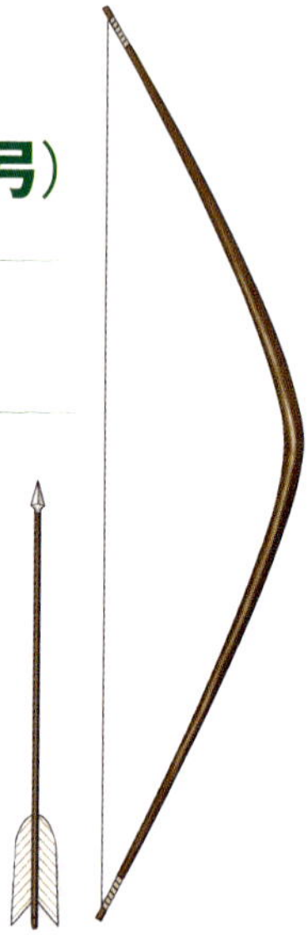

ショートボウ(短弓)

Short bow

全長80 〜 120cm
重量0.4 〜 0.8kg
世界各地(紀元前15 〜紀元20世紀)

弓は石器時代から狩りに使われていた武器であり、特にアジアでは古くから戦闘にも用いられていた。短弓は木と動物の腱などを張り合わせた複合弓(複合素材の弓)が多く、主に馬上で使われた。最大射程は90 〜 225m。

クロスボウ →p.151

Crossbow

全長60 〜 100cm　重量1 〜 10kg
ヨーロッパ(4 〜 18世紀)

弓に引き金を付け、誰にでも扱えるようにしたもの。弓に比べて威力で勝るが、速射性で劣る。矢は弓で射るものより太く短く、角矢(クォーラル、ボルト)と呼ばれる。別名：ボウガン。最大射程は50 〜 450m。

弩
Do

全長50～90cm　重量1～6kg
中国(紀元前5～紀元15世紀)

クロスボウの中国版だが、中国のほうが起源は古く、紀元前5世紀にはすでに大量配備されている。10～13世紀の宋では特に弩に力を入れており、隊列を工夫して間断なく射出し続ける戦術などが考案された。最大射程は150～200m。

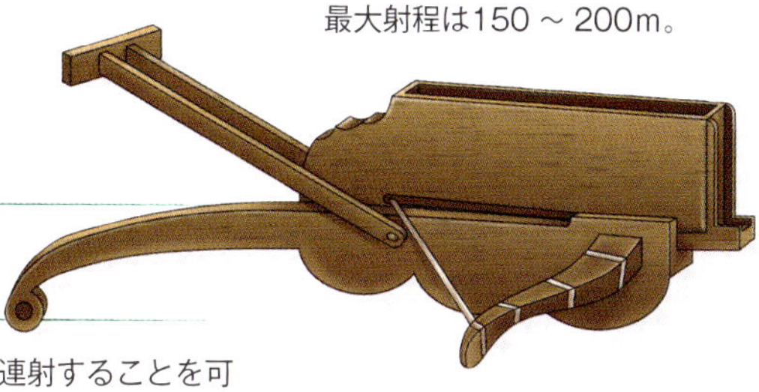

連弩(諸葛弩)
Rendo

全長約80cm　重量約2kg
中国(14～15世紀)

矢を収納する弾倉を備え、連射することを可能にした弩。据え置き型の大型連弩は紀元前から存在したが、これは諸葛亮が考案したとされる軽量連弩「元戎」を、明の時代に想像で復元したもの。大昔の連弩の構造は伝わっていない。最大射程は約35mとかなり短い。

ブローパイプ(吹き矢) Blow pipe

全長50～270cm　重量0.1～0.6kg　世界各地(年代不明)

元来は狩猟用であり、筒に込めた矢を端から息を吹き込んで飛ばす。威力が低いため、矢には毒を塗ることが多い。原始的な武器だが、発明された時期は弓よりもずっと遅く、10世紀頃と考えられている。最大射程は約30m。

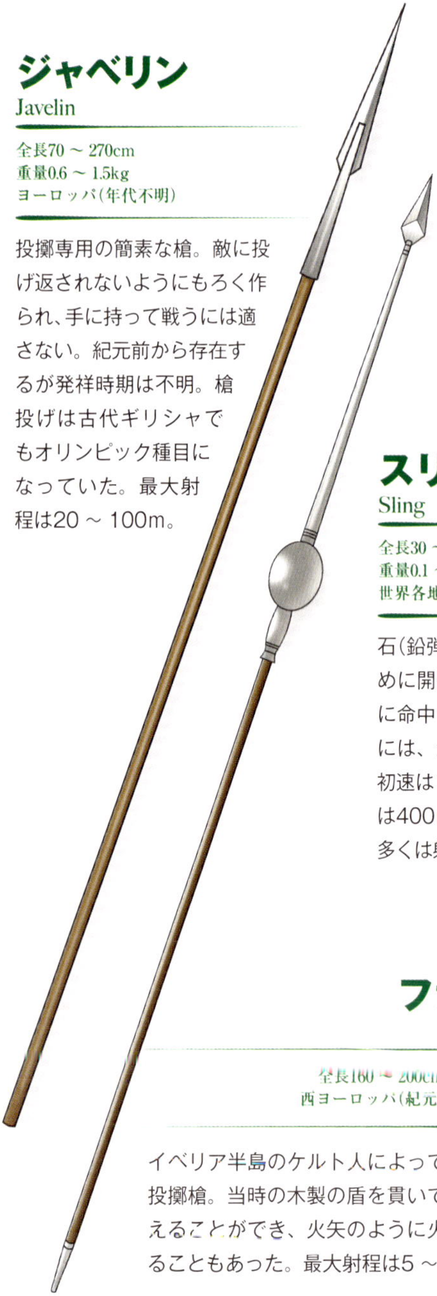

ジャベリン

Javelin

全長70 ～ 270cm
重量0.6 ～ 1.5kg
ヨーロッパ(年代不明)

投擲専用の簡素な槍。敵に投げ返されないようにもろく作られ、手に持って戦うには適さない。紀元前から存在するが発祥時期は不明。槍投げは古代ギリシャでもオリンピック種目になっていた。最大射程は20 ～ 100m。

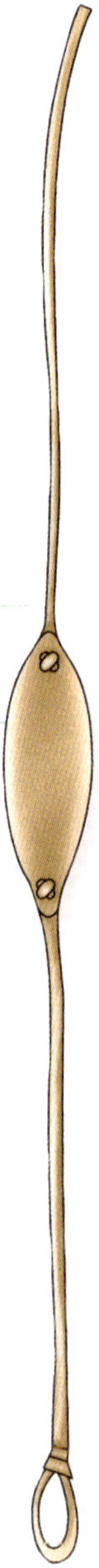

スリング →p.152

Sling

全長30 ～ 100cm
重量0.1 ～ 0.3kg
世界各地(年代不明)

石(鉛弾)を遠くまで飛ばすために開発された投石帯。目標に命中させられるようになるには、かなりの練習が必要。初速は100km/h超、最大射程は400mという説もあるが、多くは射程100～150m程度。

ファラリカ

Falariaca

全長160 ～ 200cm　重量1.0 ～ 2kg
西ヨーロッパ(紀元前1 ～紀元1世紀)

イベリア半島のケルト人によって使われた重い投擲槍。当時の木製の盾を貫いてダメージを与えることができ、火矢のように火をつけて投げることもあった。最大射程は5 ～ 10m。

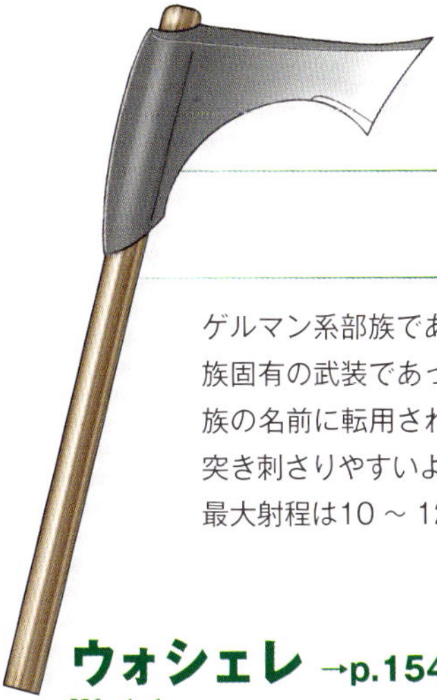

フランキスカ
Francisca

全長25〜60cm　重量0.3〜1.3kg
西ヨーロッパ（4〜7世紀）

ゲルマン系部族であるフランク人の投げ斧。部族固有の武装であったことから、斧の名前が部族の名前に転用されたという説がある。相手に突き刺さりやすいよう、斧頭はやや上方を向く。最大射程は10〜12m。

ウォシェレ →p.154
Woshele

全長40〜50cm　重量0.5〜0.7kg
中部アフリカ（年代不明）

コンゴで古くから使われていたナイフ。実際にこれが投げナイフであったのか定かでないが、ほかのアフリカ産投げナイフとの形状の類似から、投擲用武器であると考えられている。最大射程は10〜30m。

トマホーク →p.153
Tomahawk

全長35〜60cm　重量0.4〜0.9kg
北アメリカ（17世紀〜現在）

ネイティブアメリカンの片手斧。戦闘よりも日常生活で使われる。投擲武器というイメージの強いトマホークだが、鉄器は貴重品であるため投げることは稀だったようだ。最大射程は5〜20m。

ダート Dart

全長20 ～ 30cm　重量約0.2 ～ 0.3kg　世界各地(年代不明)

石器時代から使われていた小型の投擲矢。矢羽が付いているため直進性が高く、射程内であれば命中率は高い。攻撃力は低いものの、敵の足止めには有効で、毒を塗って使われることもある。最大射程は5 ～ 20m。

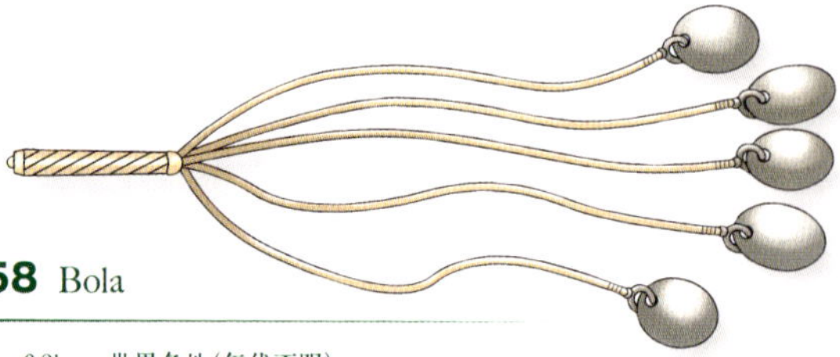

ボーラ →p.158 Bola

全長30 ～ 70cm　重量0.2 ～ 0.8kg　世界各地(年代不明)

主に南北アメリカで使われる捕縛用の投擲武器。鳥用のものはおもりが小さく数が多く、対人･対獣用のものはおもりが大きく数が少ない傾向にある。もともとはアジアで作られたともいわれるが、定かではない。最大射程は30 ～ 40m。

ブーメラン →p.155 Boomerang

全長40 ～ 80cm　重量0.2 ～ 0.8kg　世界各地(年代不明)

世界各地で使われていた投擲用棍棒。狩猟用武器であり、戦闘にはほとんど用いられなかったと考えられている。目標に当たらなかった場合、歳差運動により弧を描いて手元に戻って来ることで有名。最大射程は100 ～ 200m。

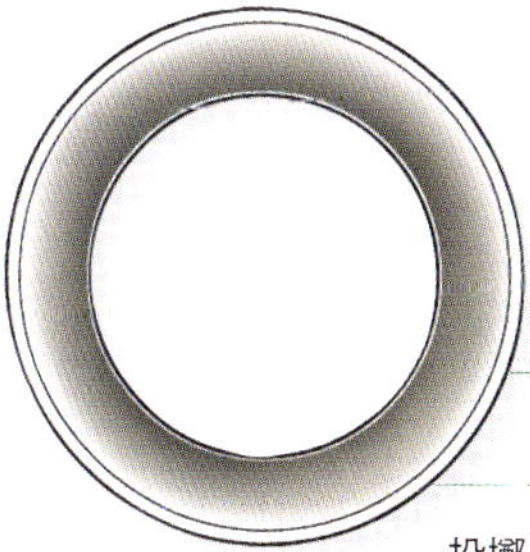

チャクラム(円月輪) →p.156
Chakram

直径15～30cm　重量0.2～0.5kg　インド(16～19世紀)

投擲用では珍しい斬撃武器。薄い鋼鉄製の円盤の外周には鋭い刃が付いている。インドのシーク教徒固有の武器とされるが、似たような武器はアフリカにも存在する。別名：戦輪。最大射程は30～50m。

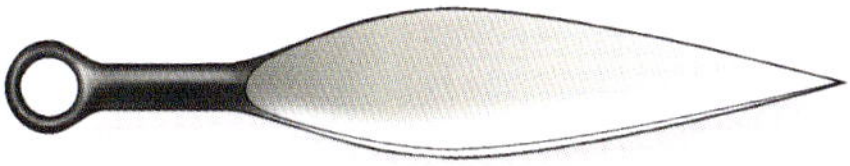

苦無 Kunai

全長10～48cm　重量0.1～0.5kg　日本(14～19世紀)

職人の道具を武器に転用したもの。地面を掘ったり、石垣や木に登る足場としたり、短剣のように突いたりと、様々な用途に使える。投げることもあるが、目標に突き刺すのは棒手裏剣よりも難しい。苦内とも表記する。最大射程は10～30m。

手裏剣 →p.157 Shuriken

全長10～15cm　重量0.1～0.2kg　日本(15～19世紀)

投擲用の刺突武器。投げナイフの一種であり、忍者などに使用された。手の裏に隠す剣であることから、手裏剣の名がある。また、手裏剣を投擲することを「打つ」といい、「投げる」とはいわない。最大射程は5～30m。

職人専用の武器

ロングボウ（長弓）

Long bow

→P144

通常の運用では、狙いを定めずに、最も飛距離を延ばせる斜め上方45°に向けて射出することが多く、弾幕を張る場合、1分間に6～10本の矢を射ることができたといわれる。なお、行軍中は矢を矢柄に入れて持ち歩くが、戦闘中はすべての矢を地面に突き刺し、次々につがえて射ることにより速射する。

最大射程はロングボウ300m、クロスボウ450mだけど、有効射程はロングボウ150m、クロスボウ100mと逆転するんだ。これはクロスボウの角矢は100mを超えるとふらついて刺さりにくくなるからなんだって。

和弓は馬上で使える長弓であり、馬上でも扱いやすいように、弓の握りの部分が中央ではなく、かなり下方にある。長弓を馬上で使うというのは、世界的に見ても稀有な運用例だ。ちなみに、和弓は木と竹などを層状に張り合わせた複合弓であり、名手としては源平合戦の那須与一が有名である。

素人でも高威力

クロスボウ

Crossbow

→P144

14世紀スイスの英雄であるウィリアム・テルは、クロスボウの名手である。彼はオーストリア人代官に対する不敬の罰として、我が子の頭上のリンゴを射抜くように命じられ、見事に射抜いたそうだ。クロスボウは弦を引いた状態で保持でき、銃床を持つため、弓よりも正確な射撃が可能である。

速射性が非常に低く、操作に慣れても1分間に1～2発しか撃てないといわれる。また、弓に比べて仕組みが複雑であるため、高価で故障も多く、日本に定着しなかったのはまさにこうした欠点によるものだ。ただし、大型のクロスボウは板金鎧など簡単に貫くほど威力が高く、拠点防衛などでは有効な武器であった。

クロスボウは弓よりも小型であり、角矢をつがえた状態で携帯すれば、『オルフィーナ』のように拳銃感覚で使用できる。また、クロスボウはかなり強い弦が使われているため、足で先端の金具を踏みながら弦を引くものが多く、機械仕掛けで弦を巻き上げるものもある。

飛ばすの難しすぎ

スリング

Sling

→P146

スリングの類には帯状のものだけでなく、ゴムの力で飛ばすパチンコ(スリングショット)タイプや、受け皿に乗せた弾をてこの原理で投げるタイプなどがある。中にはスタッフスリングという、棒の先に帯状のスリングを付け、遠心力＋てこの原理を利用して射程を延ばしたものもあるぞ。

パチンコタイプ
受け皿タイプ
スタッフスリング

①紐の一端の輪状部を指または腕にはめ、もう一端を指でつまみ、②帯の幅が広くなった部分に弾を包んで振り回し、③タイミングよくつまんでいた紐を離すことにより投石する。このタイミングを計るのが難しく、飛び道具の中で最も習得困難な武器とされている。

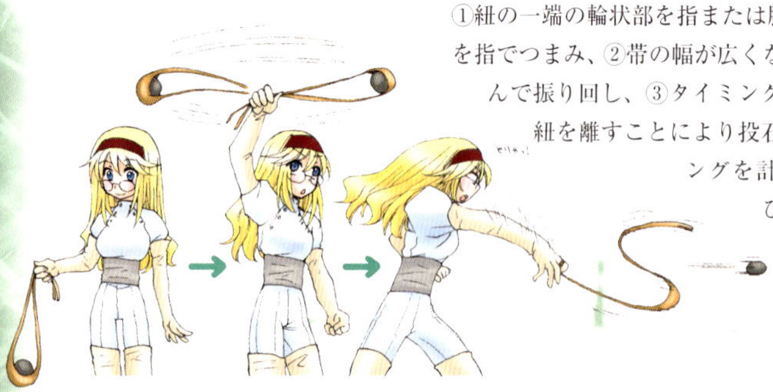
せりゃっ!

紀元前10世紀にイスラエル王となったダビデが、少年時代にゴリアテを斃すのに使った武器はスリングであった。ゴリアテは身長3mもある大男であったが、スリングから放たれた石を額に受け、一撃で沈んだといわれている。

むぅぅぅ
ぅぅぅん
う…投げてもいいものか…

鷹とは無関係

トマホーク

Tomahawk

→P147

『修羅の刻』では、風のニルチッイがクーとは何かを示すためにトマホークを振るった。クーとは、敵の体に手や武器で直接触れるだけで相手を倒したことと同等の名誉を得る、というネイティブアメリカン独特の考え方である。つまり、トマホークであれば投げてはクーとならず、握ったまま触れなければならないらしい。

『ゲッターロボ』ゲッター1のゲッタートマホークは、接近戦武器として使えるのはもちろん、投げても手元に戻って来る優れものである。こうしたブーメランタイプのトマホークはフィクション世界で人気があり、『バトルホーク』も変化風刃投げという手元に戻って来る技を持っている。

『機動戦士ガンダム』のヒートホークや『新世紀エヴァンゲリオン』のスマッシュホークなど、斧状の武器がホークと呼ばれるのは、トマホークの略であろう。『バトルホーク』盾三兄弟はシャスタ族の酋長から譲られたゴッドトマホークで戦うが、恐らく彼らが最初にホークと略した張本人である。

多分、投げナイフ

ウォシェレ

Woshele

→P147

『ガダラの豚』では、ケニア人のキロンゾがウォシェレを使う。彼はこれを振り回して使っていたが、実際にウォシェレは突くのにも斬るのにも投げるのにも適している。また、彼は東アフリカ固有のリストナイフを手首に装着し、毒を塗って殺傷力を増していた。

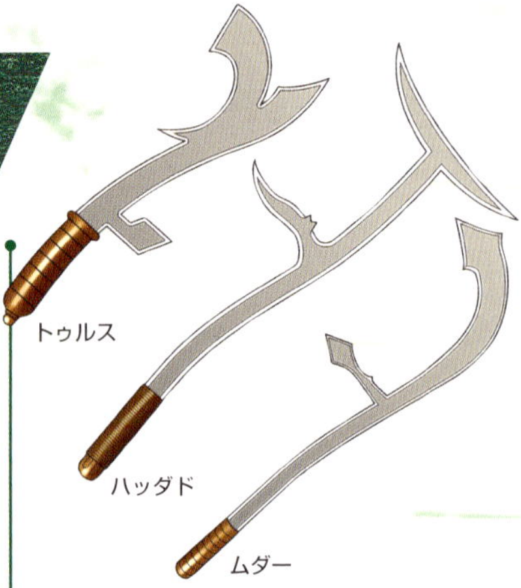

奇妙な形のウォシェレだが、アフリカにはほかにも似たような形の投げナイフがある。スーダンのトゥルス、ダルフール王国のハッダド、ナイル川上流域のムダーなどがそうだが、これらはアフリカ大陸に固有の形状である。

『MASTERキートン』は山中で木を削り、自作のウォシェレを作っていた。素材が木ではいくら刃を薄く削ったところで刺さりはしないが、キートンに投げつけられた男は左腕から血をにじませていたため、服と皮膚の表面を傷つける程度の威力はあったようだ。

日本語名は飛去来器
ブーメラン
Boomerang

→P148

戦闘用に作られた重いブーメランは、投げても戻って来ないように作られる。戻って来たものを取り損ねた場合、自分がダメージを受けるためだ。『ドラゴンクエストⅧ』の勇者は、敵をすべて貫いて戻って来る上に、炎や刃の付いたブーメランを装備できるが、彼がどのようにブーメランをキャッチしているのか謎である。

ブーメランの断面は飛行機の翼のように上面がふくらみ、揚力を生じやすい形状をしておる。『グレートマジンガー』のグレートブーメランは、重い金属の板であり、揚力を生じそうな形ではないが、このようにV字形というだけでブーメランと名乗る武器は少なくない。

『犬夜叉』珊瑚の武器は飛《ひ》来骨《らいこつ》という巨大ブーメランである。飛来骨は彼女の身長(162.8cm)と同じくらいの長さだが、テレビ番組の実験でこの大きさのブーメランを作って飛ばしたところ、実際に弧を描いて戻って来たそうだ。

ブーメランの起源はインドから中東っていうけど、ヨーロッパの石器時代の壁画にも描かれてるように、世界各地で使われてたみたいだよ。弓矢の発明以降は使われなくなったけど、アボリジニは弓矢を持たなかったから、オーストラリアでは最近まで使われてたんだって。

人気先行、実力今一

チャクラム（円月輪）

Chakram

→P149

チャクラムには、輪の内周に人さし指を入れて回転させて投げる方法と、輪の外周を指でつまんで手首のスナップを効かせて投げる方法がある。ちなみに、ヒンズー教の最高神の一つであるヴィシュヌは、右手にチャクラムを持っている姿で描かれるが、輪の内側に人さし指を入れて回している。

『機動戦士ガンダムTHE ORIGIN』アーガの使うチャクラムは弧を描いて戻って来るため、先読み能力を持つシャアですら避けるのに必死であった。こうしたブーメランのようなチャクラムはフィクションの世界では普通だが、もちろん実在はしない。また、仮にあったところで、頭蓋骨を割るような勢いで戻って来るものを、指で受け止められるものではなかろう。

実験では、30m先の直径2cmの竹を切断した記録があるよ。でも、もし最大パワーでこの程度なら、致命的なダメージは与えられないね。もともと、投擲武器は一撃必殺じゃなく、相手の動きを止めるものなんだって。

携帯するのは1～2枚

手裏剣

Shuriken →P149

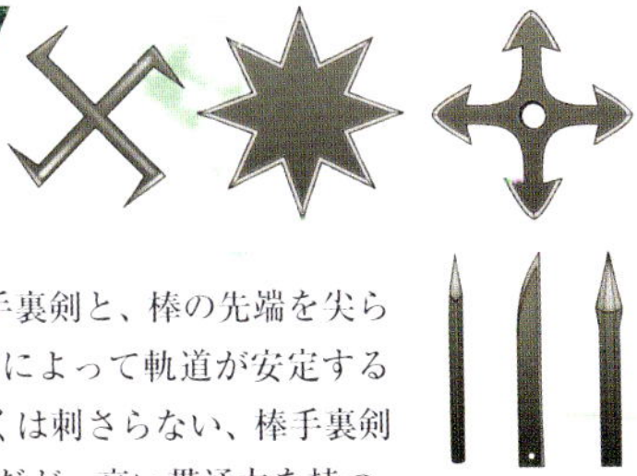

手裏剣は大きく分けて、十字や卍形をした車手裏剣と、棒の先端を尖らせた棒手裏剣に分けられる。車手裏剣は回転によって軌道が安定するため命中しやすいが、力が分散されるため深くは刺さらない、棒手裏剣は軌道が安定せず命中させるには訓練が必要だが、高い貫通力を持つ、という違いがある。

手裏剣は垂直に持って投げるものであり、水平に投げるものではない。『**忍者ハットリくん**』といえば手裏剣の達人として名高く、目にも留まらぬ早業で投げる手裏剣ストライクだが、数枚重ねた手裏剣を掌で滑らせるようにして飛ばしている。これは達人ならではの技であり、余人に真似のできるものではない。

手裏剣は基本的に使い捨ての武器だが、『**ファイナルファンタジーⅦ**』では忍者の里ウータイ領主の娘であるユフィ・キサラギが、『**魔法先生ネギま！**』では甲賀中忍である長瀬楓が、巨大な一点物の手裏剣を使用している。ちなみに、こうした巨大手裏剣は恐らく白土三平の創作であり、実在はしない。

投げて捕縛

ボーラ

Bola →P148

日本には微塵（末塵）という、鉄輪に3本の鎖分銅を付けた、ボーラによく似た武器がある。これは江戸時代に使われた隠し武器であり、相手に投げつけて自由を奪うだけでなく、分銅を握って、フレイルのように相手を殴りつけることもでき、犯罪者の捕縛に使われていた。

『ジョジョの奇妙な冒険』ジョセフ・ジョースターは、クラッカーヴォレイという鋼鉄製のボーラを使いワムウに挑んだが、これはアメリカンクラッカーとボーラを合わせた命名であろう。ちなみに、アメリカンクラッカーは1970年代に日本で開発された玩具であり、アメリカンでもなければ武器でもない。

もともとは狩猟用に考案された武器であり、脚などに投げつけ捕縛するのに使われる。**『MASTERキートン』**は道端の石を二つ紐で結びつけて、即席のボーラを作ったが、これは仕込み銃を持った相手の腕に絡みつき、射撃を阻止することに成功していた。

第6章 その他

Others編
ここでは今までのカテゴリーに入れづらいその他の武器を紹介する
ちなみに
帽子はおニューだ。
その他の武器には隠し武器や手に装着してパンチを強化するもの
本来は武器ではないものを武器として使用するものなどがある
これらはどの武器も軍隊に正式に採用されたものではないわね
わー
わー
わー
わー
こんな武器を装備した軍隊なんて想像がつかないアル
意表を突かなければ意味のないものも多いな
ヒュッ!
ジャキッ!
わ———!!!
びっくりしたぁ!

敵がこうした武器を
知らなかった場合
かなり有利に戦える
Fight!!
VS
格闘ゲームでマイナー
キャラを使われると
対処の仕方がわからない
みたいな？
ええっ!? コレって どんなゲーム!?
そうだ
だから自分が使わなくとも
知識として押さえておく
ことは大切である
その気になれば この本だって 棒だって 立派な武器になるぞ?
その他の武器の
特徴は？
長所は
相手の隙を
突きやすいこと
短所は本格的な
武器より使い勝手も
威力も劣ること
鉄製 ずっしり 5kg
課題
手近なモノを使って
武器を作れ
それでは
その他の武器を
見ていく
ビールびんも 割ったら ブキに なるかな？
アンタ たち……

ブランドエストック

Brandistoc

全長150～200cm（収納時100～120cm）
重量1～2kg
ヨーロッパ（14～17世紀）

普段は杖の中に刃が収納されている隠し武器。“brandish（振り回す）＋estoc（エストック）”が名前の由来で、勢いよく振り回すことにより刺突用の剣が飛び出し、留め金で固定される。巡礼者の護身用であったといわれる。

仕込杖

→p.168

Shikomizue

全長50～80cm
重量0.5～1kg
日本（17世紀～現在）

江戸から明治時代にかけて作られた隠し武器。周囲に警戒されずに武器を持ち歩くために考案された。また、明治時代になると廃刀令により民間人の刀の携帯が禁止されたため、西洋風のステッキに偽装するのが流行した。

フェザースタッフ

Feather staff

全長150～200cm（収納時100～120cm）　重量1～2kg
ヨーロッパ（17～19世紀）

ブランドエストックを改良したもので、剣を収納すると余計な突起を持たない単なる棒になる。剣の飛び出す仕組みはブランドエストックと同じだが、3本の刃が飛び出す。軍隊で下士官の杖として使われたこともある。

バヨネット(銃剣)

Bayonet

全長30～60cm　重量0.2～0.4kg　世界各地(16～20世紀)

小銃(ライフル)の先に付けて、槍の代用とする武器。もともとは前装式の銃の銃口に短剣を挿し込んで使っていたが、それでは銃を撃てなくなるため、弾込めの邪魔にならないようクランク型のものが発明された。後に銃が後送式になると、着脱式のナイフ型のものが現れている。

鈎

Koh

全長80～100cm　重量0.8～1.2kg　中国(紀元前5世紀～現在)

嵩山少林寺などの中国拳法で用いられる武器。先端が刃を備えた鈎になっているのが特徴で、その他の形状は様々だが、鎌状の護拳や、先端の尖った柄頭を持つものが多い。一般的には、同じ形のものを2本、両手に持って戦う。

サイ(釵) →p.170

Sai

全長40～50cm
重量0.6～0.8kg
琉球(16～19世紀)

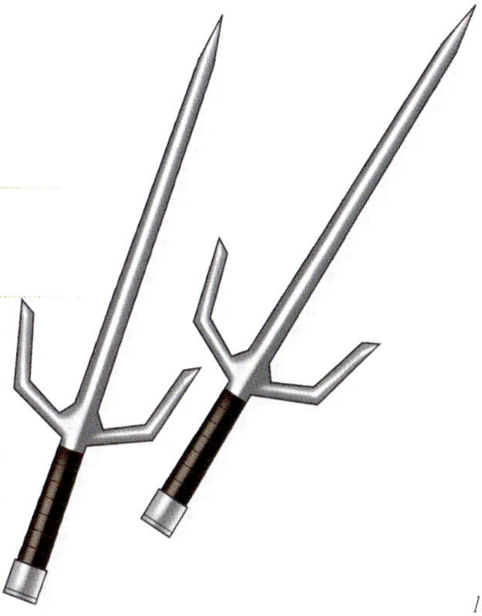

刺突用短剣のような形状であるが、実際は、打つ、突く、受ける、引っ掛ける、投げるなど、相手を取り押さえることを目的とした攻防一体の武器。側枝の一方が下を向き護拳の役割を果たす、卍サイというものもある。

クロー（爪）→p.173

Claw

全長10〜30cm（爪の長さ）　重量0.2〜0.4kg　架空

拳を強化するナックルダスター系といえなくもないが、引っかけるような使い方がメインであり、むしろ突きは出しづらい。江戸時代の日本で使われた手甲鉤のように、クローに近い実在武器もある。

ナックルダスター→p.172

Knuckle duster

全長約10cm　重量約0.1kg　世界各地（紀元前10世紀〜現在）

拳に装着して打撃力を強化する武器の総称。形状は様々であり、金属、動物の骨、皮などで作られる。図はセスタスと呼ばれる、ローマ帝国の拳闘士が用いた、拳に巻きつける堅い革紐。

圏

Ken

全長20〜30cm　重量0.3〜0.6kg　中国（14世紀〜現在）

握って斬り付けたり、投げるなどして用いる円盤状の武器。形状にはバリエーションがあり、外周全体に刃があるもの、突起部分のみに刃があるもの、刃を持たず鈍器として用いられるものがある。図は哪吒の得物として有名な乾坤圏。

峨眉刺 →p.171

Gabishi

全長約20～30cm　重量約0.2～0.3kg
中国（17～20世紀）

隠し持って使う暗器の一種で、両端を尖らせた鉄の棒に指を通す穴を付けたもの。穴に中指を通して拳を握り、拳を振り下ろすようにして使う。殺傷力は低いため、急所を狙う必要がある。

バグナウ

Bagh nakh

全長約10cm　重量0.2～0.3kg　インド（16～18世紀）

金属製の短い爪を持つナックルダスターの一種。これを拳に握り込み、突くあるいは引っかくようにして使う。これで付けられた傷跡は獣に襲われたようであることから、英語では"tiger claw（トラの爪）"とも呼ばれる。

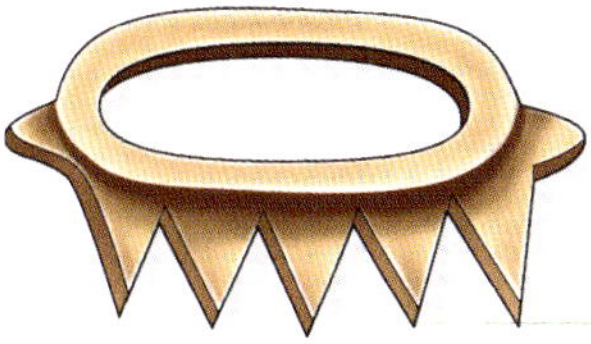

ホラ

Hora

全長約10cm　重量0.1～0.2kg　インド（年代不明）

紀元前からインドで使われていたナックルダスターの一種。水牛の角などを加工して作られ、握り込んでブラスナックルのように使う。世界各地で見られるブラスナックルは、ホラをモデルに作られたという説もある。

撒菱
Makibishi

全長3〜15cm　重量0.01〜0.2kg　日本(14〜19世紀)

あらかじめ設置して敵の侵入を防いだり、逃走中に撒いて追跡を阻むのに使われる防御的な武器。もともとは乾燥させた菱の実を用いたが、後に竹製や金属製のものが作られるようになった。世界各地に同じような形状・用途の武器が存在する。

マドゥ
Madu

全長70〜120cm　重量0.5〜1.5kg　インド(17世紀〜現在)

カラリパヤットなどのインド武術で用いられる攻防一体の武器。レイヨウの角を2本繋げたもので、角と角の間に指を通して握り、金属で補強された先端で突き刺す。片方の角に小型の円形盾を付け、防御に重点を置いた使い方もされる。

鉄扇 →p.175
Tessen

全長18〜45cm　重量0.1〜1.5kg　日本(17〜19世紀)

鉄扇は戦場で使われた武器ではなく、江戸時代に手遊(すさ)びとして携帯され、非常用の武器とされたもの。広げて扇としても使えるものと、扇を閉じた状態を模した単なる鉄塊の二つのタイプが存在する。

鎖鎌
→p.169

Kusarigama

全長50～60cm（鎖は250～400cm）　重量2～3kg
日本（16～19世紀）

草刈り鎌に鎖分銅を取りつけた武器。もともとは農具を発展させたものだが、後に日本刀並みの刃を持ち、柄を鉄板で強化した戦闘用のものも作られた。使いこなしが難しいため普及はせず、使用者は一部の武芸者のみに限られた。

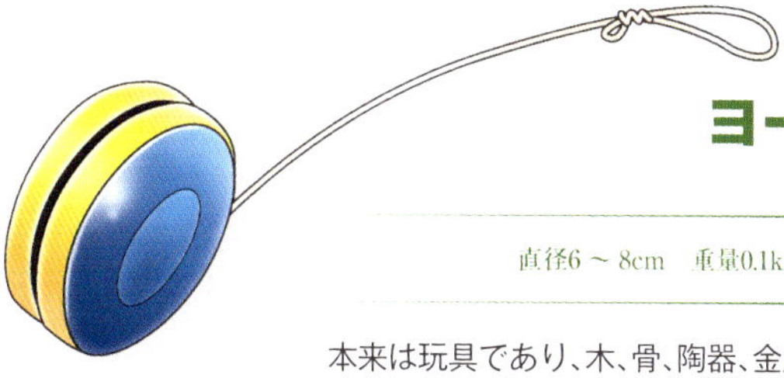

ヨーヨー
→p.174

Yoyo

直径6～8cm　重量0.1kg以下　世界各地（年代不明）

本来は玩具であり、木、骨、陶器、金属、プラスチックなどで作られる。起源は非常に古く、紀元前500年のギリシャにおける記録もあるが、中国ではさらに古くから存在するといわれる。フィリピンの狩猟用武器というのは俗説。

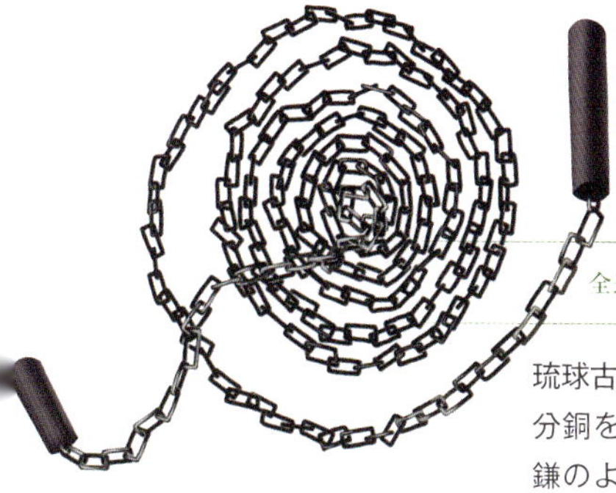

スルチン

Suruchin

全長200～230cm　重量1.5～2kg　琉球（16世紀～現在）

琉球古武術で使用される、棒状の鉄製グリップと分銅を鎖でつなげた武器。分銅を振り回して鎖鎌のような使い方をする。もともとはシュロの樹皮で作った紐に文鎮を結び付けていたことから、シュロ鎮が転訛してスルチンとなったようだ。

大型暗器

仕込杖

Shikomizue →P162

隠し武器であることから、見た目は普通の杖のようであり、容易には抜けないように作られている。また、杖の形に合わせて完全な直刀であることが多く、以上の点から居合いには非常に不向きな刀である。使用する前にはわずかに抜いて緩めておき、斬りつける際に一気に引き抜くとよい。

『るろうに剣心』斉藤一は、初めて剣心を訪ねた際に仕込杖を持っていた。斉藤が、相楽左之助にいきなり突きを食らわすと、一撃で刀身は折れてしまったが、仕込杖は隠し武器であるから、強度が犠牲になっているのも仕方がなかろう。明治時代になると刀の携行が禁止されたため、旧士族を中心に仕込杖の携行が流行ったようだ。

『座頭市物語』市は盲目であるため、杖を常に携帯しているが、こうした人物であれば仕込杖を持っていても怪しまれず、相手を警戒させることも少なかろう。ちなみに、市のモデルとされる下総飯岡のヤクザ・座頭の市は、盲目ではあるものの柄の長い長脇差を持っていたと伝わっている。

鎌のほうは投げません

鎖鎌

Kusarigama

→P167

鎖鎌には大きく分けて、柄尻から鎖が伸びるものと、鎌のつけ根から鎖が伸びるものの2種類ある。柄尻タイプのほうが有名ではあるが、つけ根タイプには片手で操れるという利点があり、実際は後者のほうが多く使われていたようである。

鎖鎌を使う有名な武芸者に、『バガボンド』宍戸梅軒がおる。宮本武蔵は初めて相対する鎖鎌に戸惑ったが、ここで初めて二刀を同時に使う着想を得て勝利した。ちなみに、宍戸梅軒は実在したのか不明であり、元ネタである武蔵の死後100年以上経ってから書かれた伝記『二天記』にも、「鎖鎌を使う宍戸某」程度の記述があるのみである。

鎖の両端が鎌になった鎖鎌というのは普通はない。この武器の肝は役割の違う二つの武器の使い分けだからである。しかし『無限の住人』では、万次や偽一が、鎖の両端にショーテルのような鎌をつなげた、オリジナルの鎖鎌を使っている。

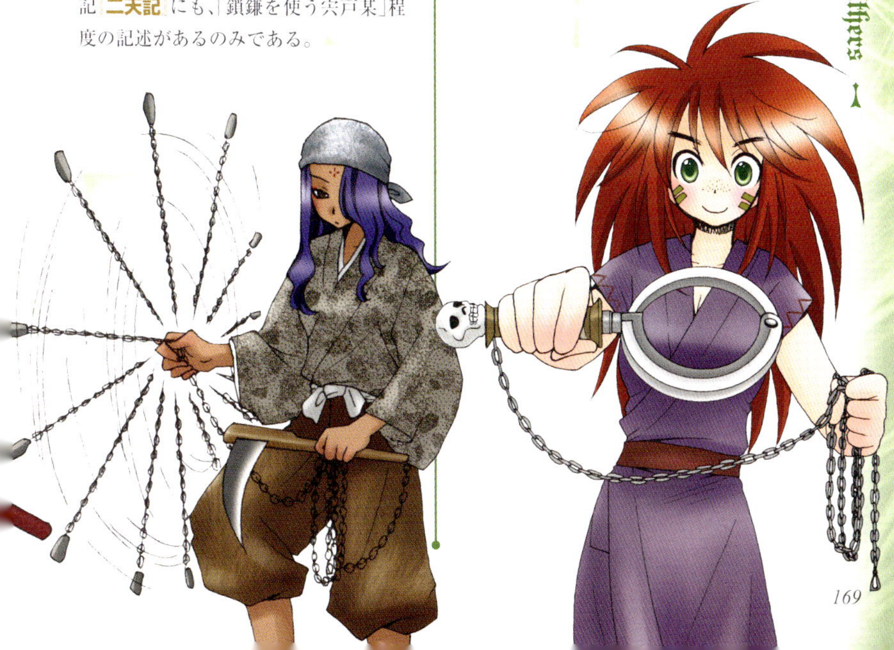

空手とセットで使用

サイ（釵）

Sai

→P163

琉球は島津藩によって廃刀令が敷かれており、刃物を持たずに刀や槍に対抗する手段としてサイなどの武器が発達した。『**無敵超人ザンボット3**』の使うザンボット・グラップもサイだが、これは2本を繋ぎ合わせることにより、刀(ザンボット・カッター)にも槍(ザンボット・ブロー)にも変化してしまうのは少々いただけない。

『**ハムナプトラ2／黄金のピラミッド**』はエジプトが舞台であるが、なぜかアナクスナムンとエヴリンは、ピラミッドの中でサイによる女性同士の決闘を行っていた。また、『**マトリックス・リローデッド**』においてもネオが使用するなど、アメリカではなかなか人気の高い武器である。

『**ティーンエイジ・ミュータント・ニンジャ・タートルズ**』ラファエロの武器はサイであるが、忍者はもちろんサイなど使わない。ちなみに、ほかのメンバーの武器は、打刀、ヌンチャク(かつてはトンファー)、棍であり、忍者というより琉球古武術の色が濃くなっている。

クリティカルヒット狙い

峨眉刺

Gabishi

→P165

日本の寸鉄は、片側のみが尖っているものも多いが、峨眉刺によく似た武器である。また、琉球古武術で使われる鉄柱は、名前こそ変わっているが、中国から伝わった峨眉刺そのままの姿を留めている。

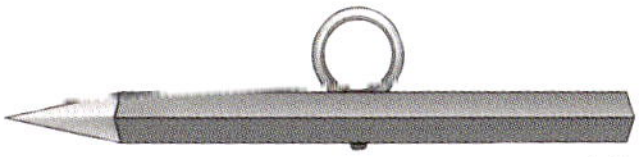

寸鉄

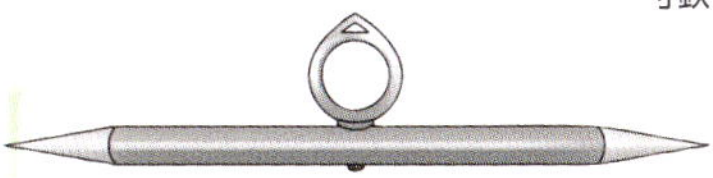

鉄柱

『ドラゴンクエストシリーズ』の毒針は、急所に当てれば即死させるが、外れると1ダメージしか与えられないという、峨眉刺に似たコンセプトの武器である。ただしこれは隠し武器ではなく、身構えている敵の急所を狙うため、成功確率が1/8と低めなのは仕方がなかろう。

『マーダーライセンス牙&ブラックエンジェルズ』雪藤洋士は自転車のスポークを武器に、社会悪を裁いている。これも相手に忍び寄り急所を突いて絶命させるという、峨眉刺と似たような武器である。彼のスポークは超チタン合金であり、牙の日本刀の打ち込みも防いでいた。

地味に強力

ナックルダスター

Knuckle duster →P164

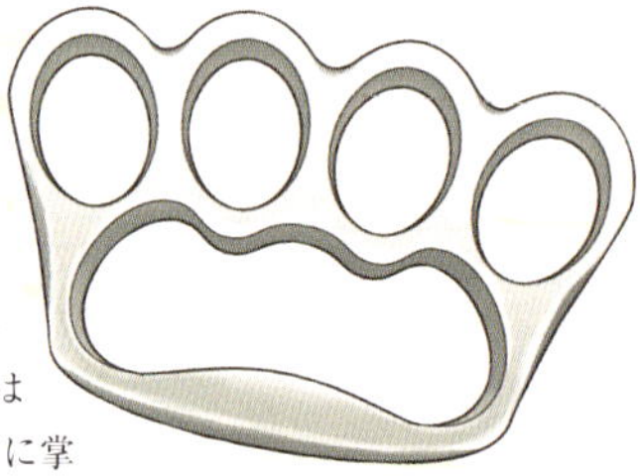

ブラスナックル(brass knuckle)は、指にはめて打撃力を増すナックルダスターの一種であり、日本ではメリケンサックと呼ばれることも多い。指穴の下に掌全体で握るパーツを持つのが特徴で、ここを握ることにより衝撃を拳全体に分散させる効果がある。

『リングにかけろ』高嶺竜児は、アトランティス大陸の遺産である、オリハルコン製のカイザーナックルを持つ。これは世界を手にする力があるというが、具体的には、装着するとなんだか強くなるという程度であった。この形状はブラスナックルであるが、拳で握りこむパーツが欠如した粗悪品をモデルにしているようだ。

ナックルダスターとスポーツ用グローブの違いは、攻撃力を増すかどうかにある。ボクサーのバンデージは拳を固めて攻撃力を上げるため前者であるが、グローブは相手に与えるダメージを軽減するため後者である。『鉄拳』三島一八のオープンフィンガーグローブあたりは、ぎりぎりナックルダスターであろう。

切り裂く爪

クロー（爪）

Claw →P164

『ストリートファイターII』仮面の貴公子ことバルログは、3本の長い爪を拳に付けて戦う。彼は幼少時に日本でNINJUTSUを学んでいることから、この爪は日本の忍者が用いた手甲鈎《てっこうかぎ》がモデルかもしれぬ。手甲鈎は単なる武器ではなく、穴掘りや、木登りにも使われたようだ。ちなみに、バルログの名は、バグナウに由来するという説もある。

『龍虎の拳』李白龍、**『SAMURAI SPIRITS』**幻庵、**『ザ・キング・オブ・ファイターズ』**チョイ・ボンゲ、**『風雲黙示録』**牛頭＆馬頭など、SNK格闘においては欠かせぬ武器である。爪を装備した者の宿命として、彼らはもれなく回転系の技を持っている。

『X-MEN』ウルヴァリンは、両手の甲から長さ23cmの爪を3本出して戦う。この爪はアダマンチウム製であり、ウェポンX計画の実験体として、全身骨格をアダマンチウム製骨格に置き換えられた際に移植されたものだ。

最古の玩具?

ヨーヨー

Yoyo →P167

フィリピンには、紐を結びつけた石を樹上から獲物に投げつけるというスタイルの狩りがあるらしい。また、ヨーヨーは紀元前のヨーロッパあるいは中国で発祥したが、フィリピンで玩具として洗練され、アメリカに伝わり大流行したことから、ヨーヨーはフィリピン起源であり、もともとは武器であったという俗説がある。

『**GUILTY GEAR XX**』ブリジットの武器はYOYO（ヨーヨー）である。このヨーヨーは大きさが目まぐるしく変わり、ヨーヨーを車輪代わりにして、セグウェイのように移動することもできる。

『**スケバン刑事**』は身分証明も兼ねた警視庁開発のヨーヨーを持つ。このヨーヨーは威力を増すために鉛で重量化しており、彼女は強化手袋を着けて手を保護している。このヨーヨーがすべて鉛だとすれば700gにはなろうが、プロ野球の硬球でもせいぜい150g程度である。こんなものを素手で扱えば、手がいかれてしまうであろう。

文鎮みたいなものです

鉄扇

Tessen

→P166

新選組初代局長である芹沢鴨は、「尽忠報国の士 芹沢鴨」と彫った300匁(約1.1kg)の鉄扇を振るい、しばしば揉め事を起こしていた。これで殴られたものは昏倒したというが、頭を割られて死んだ者がいてもおかしくはなかろう。ちなみに、芹沢の鉄扇は、広げて扇としても機能するタイプであった。

『餓狼伝説シリーズ』不知火舞は、不知火流忍術を継承する忍者であり、鉄扇を武器に戦う。飛び道具の花蝶扇が特に有名な技だが、広げて投げた場合には空気抵抗が大きいためスピードが遅く、鉄扇がいくら重くとも大したダメージは与えられぬであろう。

『魔法先生ネギま!』神楽坂明日菜のハマノツルギ(ENSIS EXORCIZANS)は、スチール製のハリセン(張扇)形態をした武器である。ちなみに張扇とは、もともと浄瑠璃などで、膝頭を打って拍子を取っていた扇を、より大きな音が出るように改良し、本格的な打楽器としたものである。

というわけで
一通り見てきたわけだが
各自地域ごとに
まとめてみたまえ
これでさいごだぞー
ビシィッ!
Yes,Sir!
インドからアフリカは暑いことから
鎧があまり発達しなかったため
切れ味の鋭い曲刀が主役だ
形も特徴的なものが多い
アジアでは中国が武器を開発して
周囲国に影響を与え続けてきたネ
中国で発明された武器は
とっても多いアル
新大陸や離島には
製鉄技術がなかなか入って
こなかったから
木製や石製の武器が多いよ
ヨーロッパでは多くの民族が
入り乱れて戦い続けてきたから
武器の進化と多様化が
速いスピードで進んだわ
まぁ例外もあるが
そんなところだろう
では、諸君らが思う
我輩のハルバードに勝る
武器とはなんだ？

西部を征服した
コルトSAAの
12インチバレル
かな
えっ
ワイワット・
アープ？
狙撃も可能な
アサルトライフル
M16だな
ゴルゴ
ですか？
接近戦を
重視した
ベレッタM92改
アル！
ガッ、
ガン=カタ？
衛星軌道から
狙うレーザー
通称SOLだよ！
AKIRA
かよ！
それでは大佐…
お相手願います！
じりっ
え!?
いや
その…
じりっ
じりっ
じりっ
パラララララ
む…っ
無茶を
するなー！
くらえ！
女の敵
—!!!

本書で取り上げた作品

● 映像作品（アニメーション）

『蒼き流星 SPT レイズナー』（1985）
『アニメ三銃士』（1987）
『機甲戦記ドラグナー』（1987）
『機動戦士ガンダム 0083』（1991）
『機動戦士ガンダム』（1979）
『グレートマジンガー』（1974）
『ゲッターロボ』（1974）
『新機動戦記ガンダム W』（1995）
『新世紀エヴァンゲリオン』（1995）
『スレイヤーズ』（1995）
『チキチキマシン猛レース』（1968）
『超電磁ロボ コン・バトラー V』（1976）
『魔法少女リリカルなのは』（2004）
『無敵超人ザンボット 3』（1977）
『もののけ姫』（1997）
『勇者ライディーン』（1975）
『勇者王ガオガイガー』（1997）
『ルパン三世』（1971）
『ロードス島戦記』（1990）
『∀ガンダム』（1999）

● 映像作品（実写、特撮）

『アヴェンジャーズ』（2012）
『宇宙刑事ギャバン』（1982）
『アヴェンジャーズ』（2012）
『エイリアン vs プレデター』（2004）
『片腕カンフー対空とぶギロチン』（1975）
『仮面ライダーカブト』（2006）
『仮面ライダー BLACK RX』（1988）
『キル・ビル Vol.1』（2003）
『グラディエーター』（2000）
『座頭市物語』（1962）
『十戒』（1956）
『スターウォーズ』（1977）
『スパルタカス』（1960）
『デューン / 砂の惑星』（1984）
『ドラキュラ』（1992）
『ナルニア国物語』（2005）
『ハムナプトラ 2/ 黄金のピラミッド』（2001）
『ハリー・ポッターと賢者の石』（2001）
『バトルホーク』（1976）
『パイレーツ・オブ・カリビアン デッドマンズ・チェスト』（2003）
『パイレーツ・オブ・カリビアン 呪われた海賊たち』（2006）
『必殺仕置人』（1973）
『秘密戦隊ゴレンジャー』（1975）
『ブレイブハート』（1995）
『マトリックス・リローデッド』（2003）
『燃えよドラゴン』（1973）
『レイダース / 失われた聖櫃』（1981）
『ロード・オブ・ザ・リング』（2001）
『ROCK YOU!』（2001）
『2001 年宇宙の旅』（1968）

● コミックス

『一騎当千』（塩崎雄二／ワニブックス／2000）
『犬夜叉』（高橋留美子／小学館／1996）
『宇宙海賊キャプテンハーロック』（松本零士／秋田書店／1977）
『ヴィンランド・サガ』（幸村誠／講談社／2005）
『オルフィーナ』（天王寺きつね／富士見書房／1993）
『機動戦士ガンダム THE ORIGIN』（安彦良和／角川書店／2001）
『究極!! 変態仮面』（あんど慶周／集英社／1992）
『銀河戦国群雄伝ライ』（真鍋譲治／角川書店／1989）
『CLAYMORE』（八木教広／集英社／2001）
『魁!! 男塾』（宮下あきら／集英社／1985）
『シャーマンキング』（武井宏之／集英社／1998）
『修羅の刻』（川原正敏／講談社／1989）
『ジョジョの奇妙な冒険』（荒木飛呂彦／集英社／1987）
『スケバン刑事』（和田慎二／白泉社／1976）
『超人ロック』（聖悠紀／みのり書房、少年画報社、スコラ、ビブロスなど 1967）
『ティーンエイジ・ミュータント・ニンジャ・タートルズ』（ケヴィン・イーストマン、ピーター・レアード／ミラージュ・スタジオ／1984）
『どろろ』（手塚治虫／小学館、秋田書店／1967）
『忍者ハットリくん』（藤子不二雄Ⓐ／小学館／1964）

『鋼の錬金術師』（荒川弘／スクウェア・エニックス 2001）
『バガボンド』（井上雄彦／講談社／ 1998）
『ファイブスター物語』（永野護／角川書店／ 1986）
『風魔の小次郎』（車田正美／集英社／ 1982）
『ブレイブストーリー～新説～』（宮部みゆき、小野洋一郎／新潮社／ 2003）
『ベルセルク』（三浦建太郎／白泉社／ 1989）
『冒険王ビィト』（三条陸、稲田浩司／集英社／ 2002）
『マーダーライセンス牙 & ブラックエンジェルズ』（平松伸二／集英社／ 2000）
『マスターキートン』（浦沢直樹、勝鹿北星／小学館／ 1988）
『魔法陣グルグル』（衛藤ヒロユキ／スクウェア・エニックス 1992）
『魔法先生ネギま！』（赤松健／講談社／ 2003）
『無限の住人』（沙村広明／講談社／ 1994）
『闇の土鬼』（横山光輝／講談社／ 1973）
『幽☆遊☆白書』（冨樫義博 / 集英社 /1990）
『らんま 1/2』（高橋留美子／小学館／ 1987）
『リングにかけろ』（車田正美／集英社／ 1977）
『るろうに剣心』（和月伸宏／集英社／ 1994）
『BLACK CAT』（矢吹健太朗／集英社／ 2000）
『BLACK LAGOON』（広江礼威／小学館／ 2002）
『BLEACH』（久保帯人／集英社／ 2001）
『DRAGON BALL』（鳥山明／集英社／ 1984）
『DRAGON QUEST- ダイの大冒険 -』（三条陸、稲田浩司／集英社／ 1989）
『HUNTER × HUNTER』（冨樫義博／集英社／ 1998）
『NARUTO- ナルト -』（岸本斉史／集英社／ 1999）
『ONE PIECE』（尾田栄一郎／集英社／ 1997）
『SWORD BREAKER』（梅澤春人／集英社／ 2002）
『X-men』（スタン・リーなど／マーベル・コミック／ 1963）

● コンピューターゲーム

『餓狼伝説シリーズ』（SNK ／ 1991 ～）
『龍虎の拳』（SNK ／ 1992）
『月華の剣士』（SNK ／ 1997）
『グラディウス』（コナミ／ 1985）
『幻想水滸伝シリーズ』（コナミ／ 1995 ～）
『ザ・キング・オブ・ファイターズシリーズ』（SNK ／ 1994 ～）
『サクラ大戦』（セガ／ 1996）
『サムライスピリッツシリーズ』（SNK ／ 1993 ～）
『三國無双』（コーエー／ 1997）
『ストリートファイターシリーズ』（カプコン／ 1987 ～）
『ソウルキャリバー』（バンダイナムコゲームス／ 1998）
『大工の源さん』（アイレム／ 1990）
『鉄拳』（バンダイナムコゲームス /1994）
『ドラゴンクエストシリーズ』（スクエア・エニックス／ 1986 ～）
『ドルアーガの塔』（バンダイナムコゲームス／ 1984）
『ファイアーエムブレム 暗黒竜と光の剣』（任天堂／ 1990）
『ファイナルファンタジーシリーズ』（スクエア・エニックス／ 1987 ～）
『風雲黙示録』（SNK ／ 1995）
『魔界村』（カプコン／ 1985）
『GUILTY GEAR シリーズ』（SAMMY ／ 1998 ～）
『Tales of Destiny 2』（バンダイナムコゲームス／ 2002）
『WIZARDRY シリーズ』（Sir-Tech ／ 1981 ～）

● その他

『アーサー王物語（『列王史』、『アーサー王の死』など）』（トマス・マロリーなど／ 12 ～ 15 世紀）
『アクバル会典』（アブル・ファズル／ 16 世紀）
『怪傑ゾロ』（ジョンストン・マッカレー／ 1920）
『ガダラの豚』（中島らも／ 1993）
『吸血鬼ドラキュラ』（ブラム・ストーカー／ 1897）
『ギリシャ神話』（ヘーシオドスなど／ BC15 ～ BC8 世紀）
『西遊記』（呉承恩？／ 16 世紀）
『三国志演義』（羅貫中？／ 14 世紀）
『水滸伝』（羅貫中など？／ 15 ～ 16 世紀）
『単刀法選』（程宗猷／ 1621）
『ドン・キホーテ』（ミゲル・デ・セルバンテス／ 1605 ～ 1615）
『二天記』（豊田景英／ 1776）
『北欧神話』（スノリ・ストルルソンなど／ 8 ～ 13 世紀）
『撲殺天使ドクロちゃん』（おかゆまさき／ 2003）
『桃太郎』（巌谷小波など／ 14 ～ 19 世紀）
『ルナル・サーガシリーズ』（友野詳／ 1991 ～）
『ロミオとジュリエット』（ウィリアム・シェイクスピア／ 1595 ？）

伝説の武器
あー
これまで武器の種類を紹介してきたわけだが
神話や民間伝承の中には固有名が付けられた武器がある
神の固有の武器には超常的な力を持つものが少なくない
世界を燃やしつくすと解釈されたもものあるぞ
しばしばレーヴァテインとみなされる炎の剣ですね
あれはスルト自体の力のような…
なかでも剣は固有名を持つものが多く
有名どころだけでもこれくらいはある
名前は聞いたことあるー

剣	主な所持者	主な出典
エクスカリバー	アーサー	アーサー王物語
ガラティン	ガヴェイン	アーサー王物語
アロンダイト	ランスロット、ガイ	騎士道物語
デュランダル	ローラン	ローランの歌
オートクレール	オリヴィエ	ローランの歌
ジュワユーズ	シャルルマーニュ	ローランの歌
ダーインスレイヴ	ホグニ	北欧神話
レーヴァテイン	シンモラ、スルト	北欧神話
グラム	シグルド	北欧神話
リジル	シグルド	北欧神話
フロッティ	シグルド	北欧神話
バルムンク	ジークフリート	ニーベルンゲンの歌
ティルフィング	スウァフルラーメ	北欧の伝承
カールスナウト	グレティル	北欧の伝承
フルンティング	ベオウルフ、ウンフェルス	ベオウルフ
スクレップ	ウッフェ	ゲスタ・ダノールム
アスカロン	ゲオルギウス	キリスト教圏の七勇士
フラガラッハ(アンサラー)	ルー	ケルト神話
カラドボルグ	フェルグス	ケルト神話
モラルタ	ディルムッド	ケルト神話
ベガルタ	ディルムッド	ケルト神話
アゾット剣	パラケルスス	民間伝承
青紅の剣	夏侯恩、趙雲	三国志演義
倚天の剣	曹操	三国志演義
干将	干将	呉越春秋
莫耶	闔閭	呉越春秋
七星剣	伍子胥	呉越春秋

最も有名な剣といえば…
エクスカリバーですよねー！
岩に刺さっていたエクスカリバーを引き抜けるのは
神に選ばれた正統な王の後継者のみだったことから
ぐぬぬぬ
ワシにも抜けんかー！
王を選定する剣とされてますね
アーサー王の時代は西暦500年前後だが
アーサー王伝説の定本的な『列王史』（1138年）や『アーサー王の死』（1470年）が成立したのはずっと後の時代
その間に登場人物やエピソードが追加されているためつじつまの合わないところも多く
エクスカリバーは2本あったりしますね
はー
選定の剣と湖の乙女からもらう剣アルな
そもそもアーサー王は実在したかどうかもあやしいが
カッコイイから〜
こまけぇこたぁいいんだよ!!
くわっ
ってことで
ネーー☆

アーサー王が実在
していたとすれば
おそらくケルト人だが
ケルト神話には
エクスカリバーの原型と
みられる剣が登場する
カラドボルグですね！
ケルト神話の英雄フォルグスが
所有していたことで有名だが
これは遥か虹の向こうに
見える丘の頂を
3つも斬り払ったという
衝撃波を飛ばすのか
伸縮するのか
そしてエクスカリバーと
カルドボルグを合体させたのが
「エスカリボルグ」アルね♡
ステキ鈍器…
エ、エスカリ？
大佐、『撲殺天使
ドクロちゃん』です！
なんでもできちゃうバットだよ

ボルグといえば、フェルグスとも
関係の深いクー・フーリンが
持っていたのが
ゲイ・ボルグですね
ゲイ・ボルグは投擲槍だが
そもそもゲイとは投擲武器
ボルグとは稲妻を意味するようだ
ケルト系には他にも
ゲイ・ジャルグ
ゲイ・ボーという
投擲槍もあり…
大佐にお似合いですね
プー
クスス
む!?
わしはゲイ
じゃないぞ!?
そうアル
大佐は
ペド…
もがっ
GJ!!
ん?

固有名のある投擲槍は北欧神話にもみられる

オーディンのグングニルですね

即答。

それにしてもよく知っとるな

やだもう

グングニルは必中の武器で投げた後は再び手の中に戻ってくるそうだ

HIT!

北欧神話には投擲槌ミョルニルもあり当時の戦争において投擲武器が強力であったことが想像できる

『アヴェンジャーズ』のソーもムジョルニルという槌を持っていましたね

原語読み	英語読み
ミョルニル	→ムジョルニル
トール	→ソー

剣以外の有名な武器はこんなもんだな

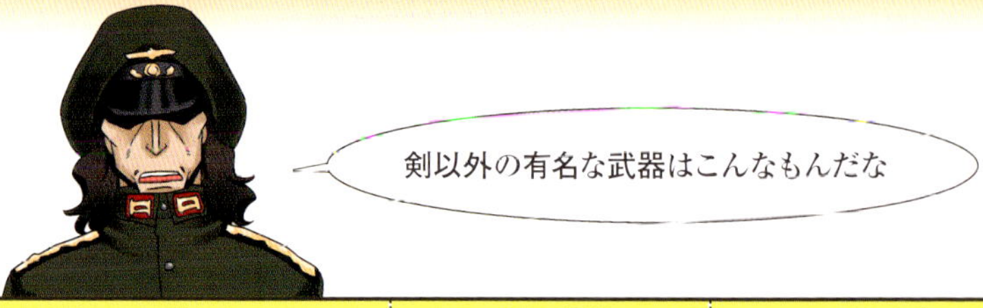

槍	主な所持者	主な出典
ルーン	ケルトハル	ケルト神話
ゲイ・ジャルグ	ディルムッド	ケルト神話
ゲイ・ボー	ディルムッド	ケルト神話
ゲイ・ボルグ	クー・フーリン	ケルト神話
グングニル	オーディン	北欧神話
槌	主な所持者	主な出典
ミョルニル	トール	北欧神話
斧	主な所持者	主な出典
ウコンバサラ	ウッコ	フィンランド神話
杖	主な所持者	主な出典
ケリュケイオン(カドゥケウス)	ヘルメス	ギリシア神話

ギリシア神話にはいくつもの武器が登場するが

固有名のあるものは非常に少ない

アポロンの弓矢とかヘラクレスの棍棒とかそんな感じだ

そういう文化なのでしょうね

有名なのはヘルメスの持つ杖ケリュケイオンくらいか

これって武器なの?

まほうのステッキじゃねぇの?

さぁ

わからん

日本は製作者の名を
刃物に刻む習慣があったため
凡刀でも銘を持つが
実在の刀剣に対し、エピソードと
ともに固有名を付けたものもある
雷切とか大般若長光とか
八丁念仏団子刺しとか
日本って伝説の武器が
実在してるわよね
すごいわあ
アメノムラクモも
現存するアル
見ると目が潰れる
とかで、誰も見たことが
ないそうですが
名前を付けるのが
好きな文化
好きでない文化が
あるけど
私もエペに
名前を付けよう
かしら
ゾルゲ切とか
直腸直通ゾルゲ刺しとか
わしを
倒せたらな
ねー
大佐の武器にも
名前が刻まれて
るよー
無銘よりも
名前がある
武器のほうが
愛着湧くわよね
あっ、それは…
大般若切かれん
おしまい

参考資料

●書籍

『江戸の刀剣拵』(井出正信／里文出版／平成12年)

『新説 RPG 幻想事典』
(村山誠一郎／ソフトバンククリエイティブ／2006)

『図解近接武器』　(大波篤司／新紀元社／2006)

『図説西洋甲冑武器事典』
(三浦権利／柏書房／2000)

『図説・中国武器集成 - 決定版』
(学習研究社／2006)

『図説・日本武器集成 - 決定版』
(学習研究社／2005)

『ビジュアルディクショナリー　軍
MIRITARY UNIFORMS』
(DK & 同朋舎出版／1994)

『武器』(ダイヤグラムグループ／マール社／1982)

『武器甲冑図鑑』　(市川定春／新紀元社／2004)

『武器辞典』　(市川定春／新紀元社／1996)

『武器と防具・西洋編』　(市川定春／新紀元社／1995)

『武器と防具・中国編』　(篠田耕一／新紀元社 1992)

『武器と防具・日本編』　(戸田藤成／新紀元社／1994)

『武器の歴史図鑑』
(マイケル・バイアム／あすなろ書房／2005)

『武器屋』
(Truth In Fantasy 編集部／新紀元社／1991)

『武勲の刃』(市川定春と怪兵隊／新紀元社／1989)

『A Glossary of the Construction, Decoration and Use of　Arms and Armor in All Coun』
(George Cameron Stone／Dover Publications／1999)

『European Weapons and Armour』
(Ewart Oakeshott／Boydell & Brewer Inc2000)

『GERMAN SOLDIERS OF WORLD WAR TWO』
(Histoire&Collections／1000)

『The Archaeology of Weapons』
(Ewart Oakeshott／Boydell & Brewer Inc1994)

『Weapon: A Visual History of Arms and Armor』
(DK Publishing/2006)

『WEAPONS&ARMOR』
(Harold H.Hart／DOVER PUBLICATIONS／1982)

●ウェブサイト

『ヴァイスブラウレジデンツ』 http://www.wbr.co.jp/

『中国武術・武器博物館』 http://www.gaopu.com/

『木偶工房』 http://www.pakupaku.com/game/

『武器図書館』 http://arms.cybrary.jp/

『ARMA』 http://www.thearma.org/

『earmi.it』
http://www.earmi.it/armi/glossario/glossario.htm

『OKINAWAKARATE』
http://www.karateblogger.com/stari/

『Wikipedia』 http://ja.wikipedia.org/wiki/

Index 索引

あ

- アキナケス ………………………………… 68
- アジャ・カティ …………………………… 26
- アネラス …………………………………… 16
- イヤーダガー ……………………………… 69
- イルウーン ………………………………… 29
- ヴァイキングソード ……………………… 13
- ウィップ …………………………… 121,131
- ウイングドスピアー ……………………… 90
- ヴォウジェ ………………………………… 94
- ウォーハンマー …………………… 122,134
- ウォシェレ ………………………… 147,154
- 打刀(うちがたな) ……………………… 33,62
- エグゼキューショナーズソード ………… 21
- エストック ……………………………… 18,46
- エペ ……………………………………… 19,47
- 偃月刀(えんげつとう) ……………… 99,112
- 円月輪(えんげつりん) ……………… 149,156
- オウルパイク ……………………………… 92

か

- 瓜(か) ……………………………………… 124
- 戈(か) ……………………………………… 98
- 拐(かい) …………………………………… 137
- カスターネ ………………………………… 27
- カタール …………………………………… 74
- カッツバルゲル …………………………… 17
- カットラス ……………………………… 22,54
- カトラス …………………………………… 22
- 金砕棒(かなさいぼう) …………… 125,139
- 金棒(かなぼう) ………………………… 168
- 峨眉刺(がびし) …………………… 165,171
- 鎌槍(かまやり) ………………………… 114
- カラベラ …………………………………… 23
- 雁翅刀(がんしとう) ……………………… 30
- カンダ ……………………………………… 25
- 菊池槍(きくちやり) …………………… 114
- キドニーダガー ………………………… 69,78
- 九鉤刀(きゅうこうとう) ………………… 30
- キリジ ……………………………………… 55
- ククリ …………………………………… 76,81
- 鎖鎌(くさりがま) ………………… 167,169
- クディタランチャグ ……………………… 27
- 苦無、苦内(くない) …………………… 149
- クファンジャル …………………………… 73
- グラディウス …………………………… 12,53
- クラブ …………………………… 123,126
- クリス …………………………………… 76,84
- グルカナイフ …………………………… 76,81
- グレイヴ …………………………………… 94
- クレイモア ……………………………… 14,36
- グレートソード ………………………… 14,38
- クレセントアックス ……………………… 96
- クレワング ………………………………… 27
- クロー …………………………… 164,173
- クロスボウ ……………………… 144,151
- ケイン …………………………… 120,129
- 戟(げき) …………………………………… 98
- 戟刀(げきとう) ………………………… 113
- 月牙鏟(げつがさん) …………………… 100
- 剣(けん) …………………………………… 30
- 圏(けん) ………………………………… 164
- 鉤(こう) ………………………………… 163
- 光剣(こうけん) ………………………… 33,42
- 骨朶(こつだ) …………………………… 138
- コラ ………………………………………… 26
- コリシュマルド …………………………… 20
- コルセスカ ………………………………… 91
- 棍(こん) ………………………… 124,135
- 棍棒(こんぼう) ………………… 123,126

さ

- サーベル ………………………………… 16,50
- サイ(釵) ………………………… 159,163,170
- サイズ …………………………………… 94,107
- サクス ……………………………………… 68
- 刺叉(さすまた) ………………………… 101
- サップ …………………………………… 123
- サリッサ …………………………………… 92
- 三節棍(さんせつこん) ………………… 136
- 仕込杖(しこみづえ) …………… 162,168
- 七節棍(しちせつこん) ………………… 136
- 十手(じって) …………………… 125,140
- 蒺藜(しつれい) ………………………… 138
- シミター …………………………………… 55
- ジャダグナ ……………………………… 123
- ジャベリン ……………………………… 146
- 蛇矛(じゃぼう) ………………………… 111
- ジャマダハル …………………………… 74,82
- シャムシール ………………………… 23,55
- 銃剣(じゅうけん) ……………………… 163
- 十文字槍(じゅうもんじやり) ………… 114
- 手裏剣(しゅりけん) …………… 149,157

ショーテル	28,56
ショートスピアー	90,102
ショートソード	13
ショートボウ	144
諸葛弩(しょかつど)	145
錘(すい)	124,138
スキアヴォーナ	16
スクラマサクス	22
スタッフ	120,127
スタッフスリング	152
スティレット	65,71
スパタ	12
スピアー	102
スモールソード	19
スラッパー	123
スリング	146,152
スリングショット	152
スルチン	167
寸鉄(すんてつ)	171
セイバー	16
青龍偃月刀(せいりゅうえんげつとう)	112
青龍戟(せいりゅうげき)	113
青龍刀(せいりゅうとう)	30,64
セスタス	164
戦槌(せんつい)	122,134
戦斧(せんぷ)	97,109
戦輪(せんりん)	149
槍(そう)	99
双手帯(そうしゅたい)	31
双錘(そうすい)	138
ソードブレイカー	72,80
袖搦(そでがらみ)	101

た

ダーク	70
ダート	148
タイガークロー	164
ダオ	24
ダガー	69
多節棍(たせつこん)	124,136
太刀(たち)	32,60
タック	18
ダマスカスソード	61
タルワール	55
鎖鎌槍(くさりやり)	114
チャーク―	26
チャクラム	141,149,156
中国刀(ちゅうごくとう)	30,64
長弓(ちょうきゅう)	144,150
チョーパー	75
直刀(ちょくとう)	30
チラニュム	75
チンクエディア	71
ツヴァイハンダー	15,34
突棒(つくぼう)	101
槌矛(つちほこ)	121,132
爪(つめ)	164,173
剣(つるぎ)	32,58
手斧(ておの)	97
デスサイズ	107
手甲鈎(てっこうかぎ)	173
鉄扇(てっせん)	166,175
鉄柱(てっちゅう)	171
テブテジュ	29,57
テレク	73
弩(ど)	145
ドゥサック	17
トゥルス	154
トマホーク	147,153
トライデント	53,91,103
トンファー	125,137
ナイトソード	13

な

長柄槍(ながえやり)	114
長巻(ながまき)	33
薙刀、長刀(なぎなた)	100,116
ナックルダスター	164,172
日本刀(にほんとう)	32,33,60,62
ニムチャ	55
ヌンチャク	136
野太刀(のだち)	32
ノッカー	18

は

バイキングソード	9,13,44
パイク	92,108
バグナウ	165
バスタードソード	14,40
バゼラード	20
バタ	25
ハチェット	97
ハゼン	152
ハッダド	154
パティッサ	25
バトルアックス	97,109
バトルフォーク	103
バトルフック	93

パリーイングダガー	72,93
バルディッシュ	96,106
ハルバード	87,95,110
ハルベルト	95
ハンガー	54
パンチングダガー	74
飛去来器(ひきょらいき)	155
匕首(ひしゅ)	77
ピチュワ	75
ピハ・カエッタ	76
ビル	95,110
ファラリカ	146
ファルカタ	12
ファルクス	24
ファルシオン	22,52
ブーメラン	148,155
フェザースタッフ	162
フォールション	22
フォセ	15
ブギオ	68
吹き矢(ふきや)	145
ブラスナックル	172
ブラックジャック	123
ブラワ	132
フランキスカ	147
ブランドエストック	162
フランベルク	35
フランベルジェ	15,35
フリッサ	28
フルーレ	19
ブルワー	55
フレイル	122
ブロードソード	18,51
ブローバ	97
ブローパイプ	145
ベクドコルバン	95
ベシュカド	74
鞭(べん)	131
ボアスピア	91
ボアスピアソード	20
矛(ぼう)	98,111
ボウガン	144
方天画戟(ほうてんがげき)	113
方天戟(ほうてんげき)	99,113
ボーラ	148,158
ポールアックス	96
朴刀(ぼくとう)	31
ポニャード	71
ホラ	165

ま

マインゴーシュ	72,79
撒菱(まきびし)	166
マキリ	77,86
マクアフティル	29
マドゥ	166
マムベリ	28
マンゴーシュ	72,79
マンブル	21
微塵,未塵(みしん)	158
ミセリコルデ	70
苗刀(みょうとう)	31
ムダー	154
鞭(むち)	121,131
メイス	117,121,132
メル・パッター・ベモー	24
モーニングスター	122,133
モルゲンステルン	122

や

ヤタガン	23
槍(やり)	100,114
ヨーヨー	167,174

ら

ライトソード	33,42
ランス	93,104
流星錘(りゅうせいすい)	138
柳葉刀(りゅうようとう)	30
麟角刀(りんかくとう)	31
レイピア	18,48
連弩(れんど)	145
狼牙棒(ろうがぼう)	138
ローチン	77,85
ロッド	121,130
ロングスピアー	90
ロングソード	13,45
ロングボウ	144,150
ロンデルダガー	70

わ

倭刀(わとう)	31,61
ワルーンソード	17
ワンド	120,128

図説マニアックス・5
武器百科 増補版

2013年5月31日 第1刷発行

著 者	安田 誠（やすだ まこと）
イラスト・漫画	大波耀子（おおなみ ようこ）

発行人	伊藤嘉彦
発行元	株式会社 幻冬舎コミックス 〒 151-0051　東京都渋谷区千駄ヶ谷 4-9-7 TEL 03-5411-6431（編集）
発売元	株式会社 幻冬舎 〒 151-0051　東京都渋谷区千駄ヶ谷 4-9-7 TEL 03-5411-6222（営業） 振替 00120-8-767643

企画・構成	株式会社アードパーク
デザイン	福井夕利子（スタジオ・ハードデラックス）
素材提供	山海堂 http://www1.kamakuranet.ne.jp/sankaido/
撮影協力	三好高太
印刷・製本所	株式会社 光邦

万一、落丁乱丁のある場合は送料当社負担でお取替致します。幻冬舎宛にお送り下さい。本書の一部あるいは全部を無断で複写複製（デジタル化も含みます）、放送、データ配信等することは、法律で認められた場合を除き、著作権の侵害となります。定価はカバーに表示してあります。

©YASUDA MAKOTO, GENTOSHA COMICS 2013
ISBN978-4-344-82810-0 C0076
Printed in Japan
検印廃止

幻冬舎コミックスホームページ
http://www.gentosha-comics.net